Rym Touati

CZTS: Cellule photovoltaïque à éléments abondants et non toxiques

Rym Touati

CZTS: Cellule photovoltaïque à éléments abondants et non toxiques

Elaboration et Caractérisation des couches minces du matériau Cu_2ZnSnS_4 préparées par évaporation thermique sous vide

Presses Académiques Francophones

Impressum / Mentions légales

Bibliografische Information der Deutschen Nationalbibliothek: Die Deutsche Nationalbibliothek verzeichnet diese Publikation in der Deutschen Nationalbibliografie; detaillierte bibliografische Daten sind im Internet über http://dnb.d-nb.de abrufbar.

Alle in diesem Buch genannten Marken und Produktnamen unterliegen warenzeichen-, marken- oder patentrechtlichem Schutz bzw. sind Warenzeichen oder eingetragene Warenzeichen der jeweiligen Inhaber. Die Wiedergabe von Marken, Produktnamen, Gebrauchsnamen, Handelsnamen, Warenbezeichnungen u.s.w. in diesem Werk berechtigt auch ohne besondere Kennzeichnung nicht zu der Annahme, dass solche Namen im Sinne der Warenzeichen- und Markenschutzgesetzgebung als frei zu betrachten wären und daher von jedermann benutzt werden dürften.

Information bibliographique publiée par la Deutsche Nationalbibliothek: La Deutsche Nationalbibliothek inscrit cette publication à la Deutsche Nationalbibliografie; des données bibliographiques détaillées sont disponibles sur internet à l'adresse http://dnb.d-nb.de.

Toutes marques et noms de produits mentionnés dans ce livre demeurent sous la protection des marques, des marques déposées et des brevets, et sont des marques ou des marques déposées de leurs détenteurs respectifs. L'utilisation des marques, noms de produits, noms communs, noms commerciaux, descriptions de produits, etc, même sans qu'ils soient mentionnés de façon particulière dans ce livre ne signifie en aucune façon que ces noms peuvent être utilisés sans restriction à l'égard de la législation pour la protection des marques et des marques déposées et pourraient donc être utilisés par quiconque.

Coverbild / Photo de couverture: www.ingimage.com

Verlag / Editeur:
Presses Académiques Francophones
ist ein Imprint der / est une marque déposée de
OmniScriptum GmbH & Co. KG
Heinrich-Böcking-Str. 6-8, 66121 Saarbrücken, Deutschland / Allemagne
Email: info@presses-academiques.com

Herstellung: siehe letzte Seite /
Impression: voir la dernière page
ISBN: 978-3-8416-2774-2

Copyright / Droit d'auteur © 2014 OmniScriptum GmbH & Co. KG
Alle Rechte vorbehalten. / Tous droits réservés. Saarbrücken 2014

Table des matières

INTRODUCTION GENERALE 7
I. Etat de l'art 10
   I.1.   Généralités sur les couches minces photovoltaïques 10
       I.1.1.   Notion de couche mince 10
       I.1.2.   Intérêts des couches minces 10
       I.1.3.   Caractéristiques des couches minces 10
       I.1.4.   Techniques d'élaboration des couches minces 11
   I.2.   Généralités sur les couches minces du matériau Cu_2ZnSnS_4 16
       I.2.1.   Choix du matériau Cu_2ZnSnS_4 16
       I.2.2.   Propriétés des constituants élémentaires des composés Cu_2-II-IV-$S_4(Se_4)$ 17
       I.2.3.   Diagramme de phases du système ternaire Cu_2S-ZnS-SnS_2 18
       I.2.4.   Propriétés structurales 19
       I.2.5.   Propriétés optiques 23
       I.2.6.   Diagramme de bandes 23
       I.2.7.   Propriétés électriques et défauts de structure 25
       I.2.8.   Les différentes techniques de réalisation des couches minces de Cu_2ZnSnS_4 ... 26
       I.2.9.   Travaux récents réalisés sur le matériau Cu_2ZnSnS_4 31
       I.2.10.   Propriétés de quelques cellules solaires en couches minces à base de CZTS 32
       I.2.11.   Caractéristiques intéressantes du matériau quaternaire Cu_2ZnSnS_4 35
II. Procédures Expérimentales Et Techniques de Caractérisation 37
   II.1.   Synthèse de la poudre de Cu_2ZnSnS_4 37
   II.2.   Elaboration des couches minces de Cu_2ZnSnS_4 par la technique d'évaporation thermique sous vide 39
       II.2.1.   L'évaporation thermique sous vide : Principe de base 40
       II.2.2.   Appareillage 40
   II.3.   Techniques de caractérisation des couches minces de Cu_2ZnSnS_4 49
       II.3.1.   Caractérisation structurale par Diffraction des Rayons X « DRX » 49
       II.3.2.   Caractérisation optique par Spectroscopie UV-Vis 52
       II.3.3.   Détermination du type de conductivité électrique par la méthode de la pointe chaude 55
III. Résultats & Discussion 58
   III.1. Caractérisation structurale 58

- III.1.1. Spectres de Rayons X 58
- III.1.2. Détermination des paramètres de maille 65
- III.1.3. Détermination de la taille des grains 69
- III.2. Caractérisation optique 71
  - III.2.1. Méthode de détermination des constantes optiques 71
  - III.2.2. Spectres de Transmission et de réflexion 74
  - III.2.3. Détermination de l'indice de réfraction 79
  - III.2.4. Détermination de l'épaisseur 81
  - III.2.5. Détermination des coefficients d'absorption optique 82
  - III.2.6. Détermination du gap optique 84
- III.3. Caractérisation morphologique 90
  - III.3.1. Calcul de la rugosité des couches 90
- III.4. Caractérisation électrique 93
  - III.4.1. Détermination du type de conductivité des couches 93
- Conclusions & perspectives 95
- Bibliographie 98

TABLE DES FIGURES

Figure I.1. Les différentes techniques de dépôt des couches minces 12
Figure I.2. Teneurs et prix mondiaux des divers éléments chimiques utilisés dans les couches absorbantes CdTe, CuInSe2 et Cu2ZnSnS4 des cellules solaires en couches minces 16
Figure I.3. Section isotherme du système ternaire Cu_2S-ZnS-SnS_2 à T=670K [73] 18
Figure I.4. Diagramme de phases du système binaire Cu_2SnS_3-ZnS [73] 19
Figure I.5. Structures kesterite et stannite du matériau Cu_2ZnSnS_4 déduites de la structure Zinc Blende [78] 21
Figure I.6. Disposition des cations dans le réseau anionique de la structure kesterite du matériau CZTS [78] 21
Figure I.7. Les angles de liaisons cation-anion- cation au sein du tétraèdre anionique du matériau CZTS dans sa structure de type kesterite [50] 22
Figure I.8. Structure de bande d'énergie du matériau CZTS dans les deux structures : Kesterite et Stannite [77] 24
Figure I.9. Les niveaux de transitions énergétiques des divers défauts intrinsèques dans la bande interdite du matériau Cu_2ZnSnS_4 [17, 97] 26
Figure I.10. Schéma représentant la structure d'une cellule solaire en couche mince à base de CZTS . 33
Figure I.11. Evolution du rendement de conversion des cellules solaires en couches minces utilisant Cu_2ZnSnS_4 comme absorbeur solaire [52] 34
Figure II.1. Profil thermique de synthèse de la poudre de Cu_2ZnSnS_4 38
Figure II.2. Lingot de Cu_2ZnSnS_4 39
Figure II.3. Schéma synoptique de préparation de la poudre de Cu_2ZnSnS_4 39
Figure II.4. Schéma simplifié de l'évaporation thermique sous vide par effet Joule 40
Figure II.5. Schéma général du dispositif d'évaporation thermique sous vide 41
Figure II.6. Schéma de principe d'une pompe à palettes [62] 42
Figure II.7. Coupe d'une pompe à diffusion [72] 43
Figure II.8. Principe de fonctionnement d'une pompe à diffusion [75] 43
Figure II.9. Creusets à effet Joule [75] 45
Figure II.10. Disposition des lames de verre sur le porte substrat 46
Figure II.11. Dispositif de chauffage 47
Figure II.12. Schéma de diffraction des rayons X par une famille de plans réticulaires 51
Figure II.13. Diffractomètre de type Philips PW 3710 51
Figure II.14. Montage (θ-θ)- Montage (θ-2θ) [45] 52
Figure II.15. Schéma de principe d'un spectrophotomètre UV-Vis à double faisceau 53
Figure II.16. Spectrophotomètre SHIMADZU UV-3100S 55
Figure II.17. Schéma expérimental du montage de la pointe chaude 56
Figure III.1. Diffractogramme de la poudre de Cu_2ZnSnS_4 synthétisée 58
Figure III.2. . Fiche JCPDS 26-0575 de la phase Cu_2ZnSnS_4 59
Figure III.3. Fiche JCPDS 34-1246 de la phase Cu_2ZnSnS_4 60
Figure III.4. Diagramme de diffraction de la couche CZTS élaborée sur des substrats non chauffés ... 61
Figure III.5. Diagramme de diffraction de la couche CZTS élaborée sur des substrats chauffés à 70°C 61
Figure III.6. Diagramme de diffraction de la couche CZTS élaborée sur des substrats chauffés à 100°C 61
Figure III.7. Diagramme de diffraction de la couche CZTS élaborée sur des substrats chauffés à 125°C 61
Figure III.8. Diagramme de diffraction de la couche CZTS élaborée sur des substrats chauffés à 150°C 62

Figure III.9. Diagramme de diffraction de la couche CZTS élaborée sur des substrats chauffés à 175°C 62
Figure III.10. Diagramme de diffraction de la couche CZTS élaborée sur des substrats chauffés à 200°C 62
Figure III.11. . Fiche JCPDS 39-0354 de la phase SnS.. 63
Figure III.12. Diffractogrammes des matériaux Cu2SnS3, ZnS et CZTS [107]............................ 64
Figure III.13. Diffractogrammes de la couche mince CZTS élaborée à différentes températures de substrat.. 65
Figure III.14. . Diffractogramme de la poudre de Cu_2ZnSnS_4 synthétisée 66
Figure III.15. Variation du paramètre cristallin a en fonction de E(θ) 68
Figure III.16. Variation du paramètre cristallin c en fonction de E(θ)... 68
Figure III.17. Evolution de la taille des cristallites en fonction de la température des substrats 71
Figure III.18. Interaction Rayonnement- couche mince/Substrat 72
Figure III.19. Variation de la transmission et de la réflexion de la couche CZTS, élaborée sur des substrats non chauffés, en fonction de la longueur d'onde λ (nm) 75
Figure III.20. Variation de la transmission et de la réflexion de la couche CZTS, élaborée sur des substrats chauffés à 70°C, en fonction de la longueur d'onde λ (nm) 75
Figure III.21. Variation de la transmission et de la réflexion de la couche CZTS, élaborée sur des substrats chauffés à 100°C, en fonction de la longueur d'onde λ (nm) 76
Figure III.22. Variation de la transmission et de la réflexion de la couche CZTS, élaborée sur des substrats chauffés à 125°C, en fonction de la longueur d'onde λ (nm) 76
Figure III.23. Variation de la transmission et de la réflexion de la couche CZTS, élaborée sur des substrats chauffés à 150°C, en fonction de la longueur d'onde λ (nm) 77
Figure III.24. Variation de la transmission et de la réflexion de la couche CZTS, élaborée sur des substrats chauffés à 175°C, en fonction de la longueur d'onde λ (nm) 77
Figure III.25. Variation de la transmission et de la réflexion de la couche CZTS, élaborée sur des substrats chauffés à 200°C, en fonction de la longueur d'onde λ (nm) 78
Figure III.26. Variation de la réflexion des couches minces de CZTS en fonction de la température des substrats 78
Figure III.27. Variation de la transmission des couches minces de CZTS en fonction de la température des substrats 78
Figure III.28. Variation de la réflexion des couches minces de CZTS, élaborées à différentes températures de substrats, en fonction de la longueur d'onde λ (nm) 80
Figure III.29. Evolution de l'indice de réfraction de la couche CZTS en fonction de la température des substrats 81
Figure III.30.. Variation de l'épaisseur de la couche CZTS en fonction de la température des substrats 82
Figure III.31. Variation du coefficient d'absorption optique « α » en fonction de l'énergie hν (eV) 83
Figure III.32.Variation du coefficient d'absorption optique « α » en fonction de la température des substrats 84
Figure III.33. Transitions directes permises des couches minces de CZTS élaborées à température ambiante 85
Figure III.34. Transitions directes permises des couches minces de CZTS élaborées à 70°C................ 86
Figure III.35. Transitions directes permises des couches minces de CZTS élaborées à 100°C.............. 86
Figure III.36. Transitions directes permises des couches minces de CZTS élaborées à 125°C.............. 87
Figure III.37.Transitions directes permises des couches minces de CZTS élaborées à 150°C 87
Figure III.38. Transitions directes permises des couches minces de CZTS élaborées à 175°C.............. 88
Figure III.39. Transitions directes permises des couches minces de CZTS élaborées à 200°C.............. 88

Figure III.40. Variation du gap optique « Eg », relatif à la phase Cu_2ZnSnS_4, en fonction de la température des substrats 89
Figure III.41. Schéma de la réflexion spéculaire [31] 90
Figure III.42. Schéma de la réflexion diffuse [32] 91
Figure III.43. Evolution de la rugosité des couches « σ » en fonction de la température des substrats . 93

LISTE DES TABLEAUX

Table I.1. Principales propriétés du Cuivre « Cu » 17
Table I.2. Principales propriétés des éléments du groupe II 17
Table I.3. Principales propriétés des éléments du groupe IV 17
Table I.4. Principales propriétés des éléments du groupe VI 18
Table I.5. Données structurales et paramètres du réseau de Cu_2ZnSnS_4 [1, 2, 3, 106, 105, 50,76] 20
Table I.6. Paramètres caractéristiques des meilleurs rendements actuels des cellules solaires en couches minces à base de CZTS élaborées par diverses méthodes 34
Table II.1. Caractéristiques des métaux réfractaires à base desquels sont fabriqués les creusets [99].... 45
Table III.1. Détermination des paramètres de maille par la méthode cristallographique classique 66
Table III.2. Paramètres de maille et fonction de Nelson-Riley 67
Table III.3. . Détermination de la taille des cristallites « T » à différentes températures de substrats.... 70
Table III.4. Calcul de l'indice de réfraction de la couche CZTS à différentes températures de substrats 80
Table III.5. Epaisseurs des films CZTS élaborés à différentes températures de substrats 82
Table III.6. Coefficient d'absorption « α » pour différentes températures de substrats 83
Table III.7. Variation de gap optique en fonction de la température des substrats 89
Table III.8. Détermination de la rugosité « σ » à différentes températures de substrat 92
Table III.9. Type de conductivité des couches minces de CZTS élaborées à différentes températures de substrats 94

INTRODUCTION GENERALE

La forte croissance de la demande énergétique ainsi que l'appauvrissement des ressources fossiles de la planète conduisent à un fort développement des énergies renouvelables. La production d'électricité solaire (photovoltaïque) connaît à ce titre une croissance exponentielle depuis les dernières décennies. La diminution du prix du kWh passe par une augmentation du rendement de conversion et une réduction des coûts de fabrication. Les technologies basées sur le dépôt de couches minces représentent à ce titre un challenge technologique dans lequel de nombreux acteurs investissent massivement. Cependant, les technologies couches minces, actuellement mergentes sur le marché, souffrent en partie de l'utilisation de matériaux rares et coûteux tels que l'Indium et le Galium (technologie CIGS), le Tellure et le Cadmium (technologie CdTe) limitant à terme leurs déploiements tant en terme de volume que de durée. C'est pourquoi de nombreux travaux de par le monde ont récemment entamé le développement de couches minces photovoltaïques à partir d'éléments abondants et non toxiques, en particulier, le Cu_2ZnSnS_4 (CZTS) qui semble être un matériau extrêmement prometteur.

L'obtention récemment d'un rendement de 9,66 % sur cellule obtenue à partir d'une encre par une équipe d'IBM fait de ce matériau un des plus prometteurs pour le futur des couches minces photovoltaïques. Cependant, bien que ce matériau ait été découvert, il y a plus de trente ans, pour ces propriétés photovoltaïques, aucune étude approfondie n'a encore été réalisée. Ses propriétés intrinsèques ainsi que l'influence de la cristallinité et de ses propriétés physicochimiques sur les performances photovoltaïques sont encore mal connues. Il représente donc un champ relativement vierge de recherche et prometteur en tant que matériau du futur pour le photovoltaïque en couche mince.

C'est dans ce cadre que se situe ce projet, effectué dans l'unité de recherche « Photovoltaïque et Matériaux Semi-conducteurs : UR-PMS » à l'Ecole Nationale d'Ingénieurs de Tunis sous la direction de Monsieur Mounir KANZARI et Monsieur Mohamed BEN RABEH. Nous nous sommes intéressés à l'élaboration des couches minces du matériau Cu_2ZnSnS_4 par la technique d'évaporation thermique sous vide ainsi qu'à leur caractérisation structurale, optique et électrique. Afin de présenter ce travail, nous commencerons ce livre par une description générale des techniques de synthèse classiques des couches minces et un aperçu bibliographique relatif aux différentes caractéristiques (structurales, optiques, électriques, etc.) du quaternaire CZTS et aux diverses techniques de synthèse des couches minces à base de ce dernier. Nous enchaînerons ensuite par une description des différentes techniques d'investigation et de synthèse du matériau, objet d'étude, à savoir la diffraction des rayons X, la spectrophotométrie UV-Vis, la technique de la pointe chaude ainsi que l'évaporation thermique sous vide. Ensuite, nous présenterons le volet expérimental du projet qui comportera les résultats obtenus grâce aux caractérisations structurales, optiques et électriques ainsi que les interprétations respectives.

Enfin, nous achèverons ce livre avec une conclusion générale et nous proposerons quelques perspectives à ce projet.

Chapitre I

Etat de l'art

I. Etat de l'art

Dans cette revue bibliographique, nous décrirons brièvement les diverses techniques de dépôt des couches minces et donnerons un aperçu sur les propriétés fondamentales du matériau Cu_2ZnSnS_4 à savoir sa structure cristalline, son diagramme d'équilibre, ses propriétés optiques et électriques ainsi que les propriétés des cellules solaires à base de ce matériau.

I.1. Généralités sur les couches minces photovoltaïques

I.1.1. Notion de couche mince

Une couche mince est un matériau dont l'une des dimensions appelée épaisseur, a été fortement réduite, de telle sorte qu'elle puisse atteindre dans certains cas l'ordre du nanomètre. Elle peut donc être considérée comme étant bidimensionnelle, ce qui entraîne une perturbation importante dans la majorité de ses propriétés physiques notamment en ce qui concerne les phénomènes de transport.

I.1.2. Intérêts des couches minces

L'intérêt des couches minces provient de la particularité des propriétés physicochimiques acquise par le matériau selon cette direction. Ainsi, les couches minces jouent-elles un rôle de plus en plus important en nanotechnologie. Elles représentent un enjeu économique et cela est dû au fait de la relative simplicité des techniques de leur mise en œuvre, donc du faible coût de leur élaboration. De nos jours, une grande variété de matériaux est utilisée pour produire des couches minces. A titre d'exemple, nous pouvons citer : les métaux, les alliages métalliques, les composés réfractaires (oxydes, nitrures, carbures,...), les composés intermétalliques et les polymères. Les applications des couches minces connaissent un développement de plus en plus accéléré, notamment ces deux dernières décennies [57].

I.1.3. Caractéristiques des couches minces

La différence essentielle entre le matériau à l'état massif et à l'état de couche mince est liée au fait que, dans le premier état, on néglige généralement le rôle des limites dans les propriétés tandis que dans une couche mince, ce sont au contraire les effets liés aux surfaces limites qui peuvent être prépondérants. Ces effets qui se manifestent considérablement dans les phénomènes de transport sont essentiellement dus au fait que l'épaisseur de la couche mince soit comparable au libres parcours moyens résultant des divers types de diffusions tels que ceux des phonons, des surfaces externes et des joints de grains. Donc, plus l'épaisseur est faible plus cet effet de bidimensionnalité est exacerbé. Inversement, lorsque l'épaisseur d'une couche mince dépassera un certain seuil, l'effet d'épaisseur deviendra minime et le matériau retrouvera les propriétés bien connues du matériau massif.

La seconde caractéristique essentielle d'une couche mince réside dans le fait que, quelle que soit la procédure employée pour sa fabrication, l'élaboration d'une couche mince est toujours réalisée sur un substrat; même s'il est parfois possible que l'on puisse séparer le film mince dudit substrat. En conséquence, il sera impératif de tenir compte de ce fait majeur dans la conception, à savoir que le substrat influe très fortement sur les propriétés structurales de la couche qui y est déposée. Ainsi, une couche mince d'un même matériau, de même épaisseur pourra avoir des propriétés physiques sensiblement différentes selon qu'elle sera déposée sur un substrat isolant amorphe tel que le verre ou un substrat monocristallin de silicium par exemple.

Aussi, faut-il noter que, selon la procédure employée, le résultat obtenu pourra donc être sensiblement différent, car en général une couche mince est souvent influencée par l'environnement dans lequel elle est élaborée et que cela va évidemment avoir aussi une influence sur ses propriétés physiques. Les méthodes de préparation de couches minces sont extrêmement nombreuses; nous en citerons quelques unes dans le paragraphe suivant. La couche mince va donc croître en épaisseur à partir de zéro sur son support appelé substrat. On est généralement amené à faire subir à une couche mince un traitement thermique post-déposition destiné à améliorer la structure métallique de la couche mince élaborée. Quel que soit le procédé utilisé, il est intuitif qu'en deçà d'une certaine épaisseur une couche mince ne sera pas continue mais constituée d'ilots plus ou moins étendus et plus ou moins proches les uns des autres. Seules les couches minces métalliques dites continues peuvent avoir un intérêt pratique. Notons cependant que cette notion de continuité dépend à la fois du matériau et du procédé de fabrication **[58, 59, 60]**.

I.1.4. Techniques d'élaboration des couches minces

L'élaboration d'une couche mince est une étape décisive car les propriétés physiques du matériau en dépendent. Les procédés d'élaboration sont très variés et peuvent être classés en deux catégories :

- Les procédés physiques **PVD**
- Les procédés chimiques **CVD [61]**

Les méthodes physiques notamment l'évaporation sous ultra vide et la pulvérisation, sont essentiellement utilisées par les laboratoires de recherche car elles permettent d'élaborer des matériaux très divers et de mesurer in-situ les paramètres physiques. Les méthodes chimiques, plus spécialisées, sont par contre beaucoup plus intéressantes pour les fabrications en série de composants industriels quand cela est possible. La classification des méthodes est présentée sur le schéma de la *figure I.1* ci-dessous indiquée :

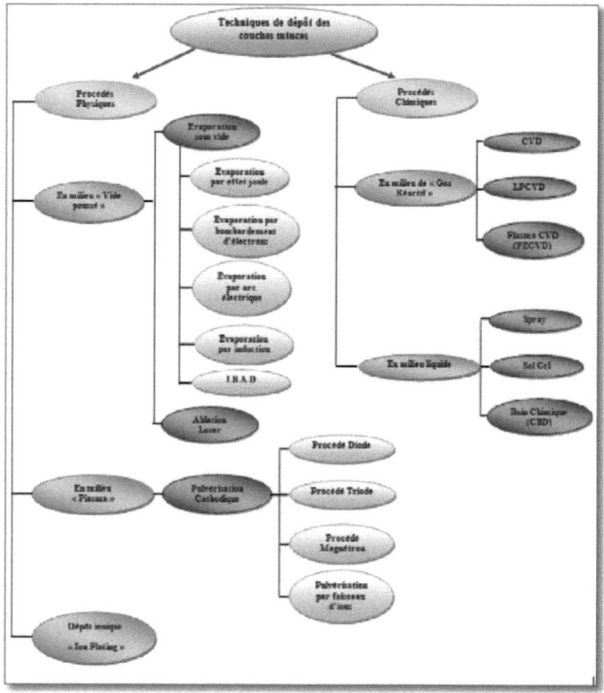

Figure I.1. Les différentes techniques de dépôt des couches minces

I.1.4.1. Les techniques PVD

C'est l'appellation générique pour définir les dépôts physiques en phase vapeur « Physical Vapor Deposition ». Les dépôts physiques en phase vapeur consistent à utiliser des vapeurs du matériau à déposer pour réaliser un dépôt sur un substrat quelconque. Le transport des vapeurs de la cible au substrat nécessite un vide assez poussé (de 10^{-5} à 10^{-10} Pa) pour transporter les atomes de la cible vers le substrat en évitant la formation de poudre liée à une condensation en phase homogène.

Les dépôts physiques en phase vapeur (PVD) présentent beaucoup d'avantages par rapport aux dépôts chimiques en phase vapeur (CVD) par exemple, les films obtenus par PVD sont denses et leurs processus de dépôt sont faciles à contrôler. De plus, ils ne provoquent pas de pollution atmosphérique comme les techniques CVD **[61, 63]**.

a. En milieu « vide poussé »

Ce type de dépôt physique est nommé « Evaporation sous vide ». Son principe consiste à évaporer ou à sublimer le matériau à déposer dans un creuset sous vide en le chauffant à haute température. Le matériau, une fois évaporé, est déposé par condensation sur le substrat pour former ainsi la couche mince.

La procédure de chauffage du matériau à déposer peut être réalisée de plusieurs façons qui seront choisies en général en fonction des critères de qualité du résultat attendu : à l'aide d'un filament réfractaire par effet Joule, à l'aide d'un faisceau d'électrons intense et énergétique, typiquement de 5 à 10 KeV ou à l'aide d'un faisceau laser. Le premier sert à l'évaporation de matériaux faciles à fondre et le deuxième sert à l'évaporation de matériaux réfractaires **[63]**.

b. En milieu « plasma »

La pulvérisation cathodique, en anglais dite « sputtering », avec ses différentes variantes est une méthode physique de dépôt s'effectuant en milieu « plasma ». Son principe de base est assez simple : c'est une diode formée par le matériau à pulvériser appelé cible (cathode) et le substrat (anode), placée dans une enceinte contenant un gaz neutre tel que l'argon. Une tension de quelques kV, appliquée entre l'anode et la cathode, entraîne une décharge auto-entretenue si la pression du gaz neutre est appropriée (10 à 500 **mTorr**). Les ions du gaz neutre bombardent violemment la cible, pulvérisant ainsi les atomes de surface qui vont se déposer sur le substrat.

A ce dispositif de base, des effets additionnels peuvent être associés, permettant ainsi l'augmentation de son efficacité **[64]**. Il existe différents types de systèmes de pulvérisation cathodique, suivant la nature de la cible (conductrice ou isolante) et le mode de création du plasma: diode à courant continu, triode à courant continu ou haute fréquence (RF), etc.

c. **En milieu « plasma sous vide poussé » : Dépôt ionique «Ion plating »**

Le dépôt ionique est une sorte de technique hybride entre l'évaporation et la pulvérisation. Elle consiste à évaporer le matériau dans une enceinte dans laquelle on entretient une pression résiduelle de 13 à 1,3 Pa en introduisant de l'argon par exemple. Pendant le dépôt, on provoque et on entretient une décharge électrique luminescente de manière à créer un plasma (gaz ionisé). Cette décharge est obtenue généralement en appliquant une tension négative de quelques kV au porte-substrats, ce qui a pour effet d'attirer les ions sur ce dernier **[65]**.

I.1.4.2. Les techniques CVD

a. **En milieu « gaz réactif » : Les techniques CVD, LPCVD, PECVD…**

Les techniques de dépôt chimique en phase vapeur « CVD : Chemical Vapor Deposition » impliquent, comme leur nom l'indique, la formation d'un film sur un substrat à partir de réactions chimiques entre précurseurs mis sous leurs formes gazeuses au moyen d'une énergie d'activation. Les composés volatils du matériau à déposer sont éventuellement dilués dans un gaz porteur et introduits dans une enceinte où sont placés les substrats chauffés. Cette réaction chimique nécessite un apport de chaleur du substrat, réalisé soit par effet joule, induction, radiation thermique ou par laser.

Dans cette technique, plusieurs paramètres entrent en jeu, tels que la température, la pression, la présence d'un plasma, la nature des produits volatils, etc. Ceci a donné naissance à des variantes du CVD classique **[64]**. Par exemple, l'influence de la pression a donné naissance aux processus : **LPCVD** « Low Pressure CVD » qui permet des dépôts à basse pression, ces derniers sont uniformes sur des objets de formes diverses, **HPCVD** « High Pressure CVD » qui, contrairement à LPCVD, est réalisé à haute pression, **APCVD** « Atmospheric Pressure CVD » réalisé à pression atmosphérique. D'ailleurs, la présence d'un plasma a introduit les procédés : **PECVD** « Plasma Enhanced CVD » par l'assistance d'un plasma pour obtenir des dépôts à des températures plus basses, ce qui augmente la qualité et la vitesse de dépôt [66] et **PJCVD** « Plasma Jet CVD » correspondant à un jet de plasma [61].

b. En milieu liquide : Les techniques Spray, Sol-gel, CBD…

Technique Spray

Cette technique de dépôt repose sur le principe suivant : Une solution de différents réactifs est vaporisée puis pulvérisée, à l'aide d'un atomiseur, sur un substrat chauffé. La température du substrat permet l'activation de la réaction chimique entre les réactifs [67]. L'expérience peut être réalisée soit à l'air, soit sous atmosphère contrôlée [67,68,69].

La description de la formation des films par la méthode Spray pyrolyse peut être résumée comme suit :

- Formation de gouttelettes à la sortie du bec.
- Décomposition de la solution des précurseurs sur la surface du substrat chauffé par réaction de pyrolyse.

Technique Sol-gel

Le principe du procédé sol gel, dont l'appellation est une abréviation des termes « solution gélification », consiste à hydrolyser, grâce à l'humidité de l'air, un précurseur de la solution, afin d'obtenir un sol (suspension de petites macromolécules de taille inférieure à 10 nm). Le gel (solide amorphe élastoplastique formé par un réseau réticulé tridimensionnel) est obtenu par polymérisation du sol. Un prétraitement thermique de séchage à une température voisine de 100 °C, suivi d'un recuit thermique à une température appropriée, permet de densifier ce gel conduisant ainsi à un matériau solide.

Technique CBD (Chemical Bath Deposition)

C'est une technique dans laquelle les couches minces sont déposées sur des substrats immergés dans des solutions diluées contenant des ions métalliques et une source de chalcogénure [71].

I.2. Généralités sur les couches minces du matériau Cu_2ZnSnS_4

I.2.1. Choix du matériau Cu_2ZnSnS_4

Actuellement, les technologies « couches minces » émergentes sur le marché souffrent en partie de l'utilisation de matériaux rares et coûteux tels que l'Indium et le Gallium (technologie CIGS), le Tellure et le Cadmium (technologie CdTe) limitant leurs déploiements tant en terme de volume que de durée. C'est pour cette raison que de nombreux travaux de par le monde ont récemment entamé le développement de couches minces photovoltaïques à partir d'éléments abondants et non toxiques. En particulier, le matériau quaternaire Cu_2ZnSnS_4 (CZTS) qui semble être un matériau extrêmement prometteur (voir *figure I.2*). L'obtention récemment d'un rendement de conversion de 9,66 % fait de ce matériau un des plus prometteurs pour le futur des couches minces photovoltaïques. Ce composé utilise uniquement des éléments abondants tels que le zinc Zn et l'étain Sn et non toxiques tels que le soufre S. Il est doté de propriétés physico-chimiques très intéressantes à savoir un gap optique de l'ordre de 1,5eV, un coefficient d'absorption optique avoisinant les 10^5 cm^{-1} ainsi qu'une conductivité de type P.

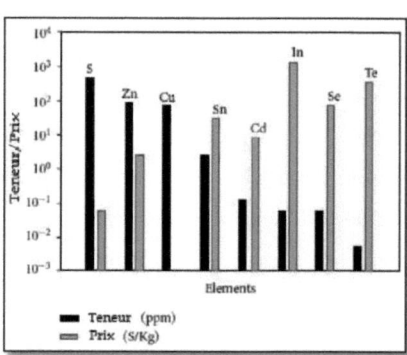

Figure I.2. Teneurs et prix mondiaux des divers éléments chimiques utilisés dans les couches absorbantes CdTe, CuInSe2 et Cu2ZnSnS4 des cellules solaires en couches minces

I.2.2. Propriétés des constituants élémentaires des composés Cu$_2$-II-IV-S$_4$(Se$_4$)

Cu$_2$ZnSnS$_4$ (CZTS) est un matériau quaternaire appartenant à la famille Cu$_2$-II-IV-S$_4$(Se$_4$) des semi-conducteurs (**II**=Zn, Cd, Hg ; **IV**=Si, Ge, Sn). Les propriétés des éléments du groupe I, II, IV et VI sont représentées respectivement dans les tableaux *I.1*, *I.2*, *I.3* et *I.4* ci-dessous indiqués : (Il est à noter que la liste des éléments de chaque groupe n'est pas exhaustive)

a. Groupe I

Propriétés physiques	Cu
Numéro atomique	29
Configuration électronique	[Ar]3d^{10}4s^1
Masse atomique g/mol	63,55
Densité g/cm^3	8,96
Structure cristalline	CFC
Point de fusion (°C)	1084,62
Point d'ébullition (°C)	2562

Table I.1. Principales propriétés du Cuivre « Cu »

b. Groupe II

Propriétés physiques	Zn	Cd	Hg
Numéro atomique	30	48	80
Configuration électronique	[Ar]3d^{10}4s^2	[Kr]4d^{10}5s^2	[Xe]4f^{14}5d^{10}6s^2
Masse atomique g/mol	65,38	112,41	200,6
Densité g/cm^3	7,13	8,69	13,55
Structure cristalline	Hexagonale	Hexagonale	Rhomboédrique
Point de fusion (°C)	419	321	-38,84
Point d'ébullition (°C)	907	767	356,62

Table I.2. Principales propriétés des éléments du groupe II

c. Groupe IV

Propriétés physiques	Sn	Ge	Si
Numéro atomique	50	32	14
Configuration électronique	[Kr]4d^{10}5s^{2}5p^2	[Ar]3d^{10}4s^{2}4p^2	[Ne]3s^{2}3p^2
Masse atomique g/mol	118,7	72,64	28,08
Densité g/cm^3	7,29 (Blanc) 5,77 (Gris)	5,32	2,33
Structure cristalline	Tétragonale	Diamant	Diamant
Point de fusion (°C)	232	938	1414
Point d'ébullition (°C)	2602	2833	3265

Table I.3. Principales propriétés des éléments du groupe IV

d. Groupe VI

Propriétés physiques	S	Se
Numéro atomique	16	34
Configuration électronique	$[Ne]3s^23p^4$	$[Ar]3d^{10}4p^44s^2$
Masse atomique g/mol	32	78,96
Densité g/cm^3	2	4,79
Structure cristalline	Orthorhombique	Hexagonale
Point de fusion (°C)	115	221
Point d'ébullition (°C)	444	685

Table I.4. Principales propriétés des éléments du groupe VI

I.2.3. Diagramme de phases du système ternaire Cu_2S-ZnS-SnS_2

L'intérêt pratique du système quasi-ternaire Cu_2S-ZnS-SnS_2 réside dans la formation du composé quaternaire Cu_2ZnSnS_4. Ce dernier peut s'élaborer par réaction chimique en phase solide des sulfures Cu_2S, ZnS et SnS_2. L'étude faite sur le diagramme de phases de ce système ternaire, a montré que la phase CZTS pure pourrait uniquement se former dans une zone très limitée. Cette zone est notée 1 dans la *figure I.3* suivante :

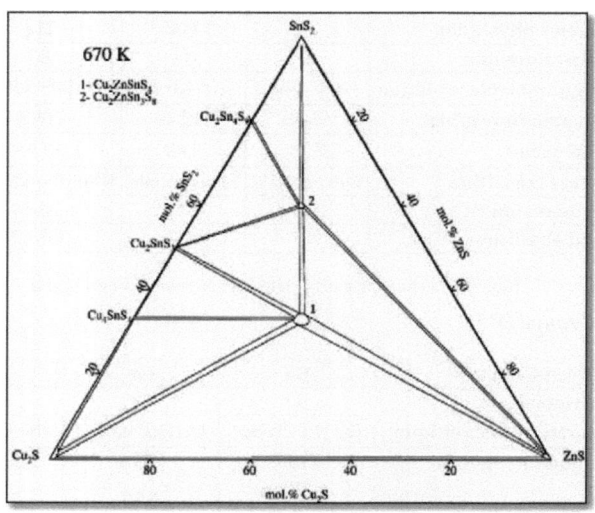

Figure I.3. Section isotherme du système ternaire Cu_2S-ZnS-SnS_2 à T=670K [73]

Cette partie triangulaire du diagramme, investiguée par I. D. Olekseyuk et al. [74], est illustrée en détail sur la *figure I.4* ci-dessous indiquée. Elle est représentée sous forme de diagramme de phases du système binaire Cu_2SnS_3-ZnS.

Dans cette section, le composé quaternaire Cu_2ZnSnS_4 est formé à 1253K selon la réaction péritectique L+β'⇔Cu_2ZnSnS_4 (où β' représente la gamme solution solide des modifications à basses températures de la phase ZnS). La composition molaire de ZnS au niveau du point péritectique est de 12.5 moles %.

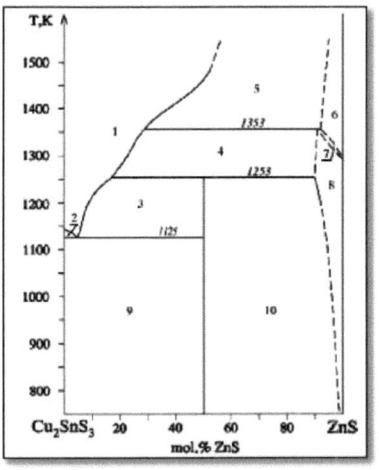

(1)L,(2)L+Cu_2SnS_3,(3) L+Cu_2ZnSnS_4,(4)L+β', (5)L+β, (6)β, (7) β+β', (8)β', (9)Cu_2SnS_3+Cu_2ZnSnS_4, (10) β'+ Cu_2ZnSnS_4

Figure I.4. Diagramme de phases du système binaire Cu_2SnS_3-ZnS [73]

I.2.4. Propriétés structurales

Le Cu_2ZnSnS_4, noté généralement CZTS, appartient à la famille I_2-II-IV-VI_4 des semi-conducteurs. Il cristallise sous deux formes allotropiques à savoir la structure Kesterite et la structure Stannite appartenant, toutes les deux, au système tétragonal (voir **figure I.5**).

Les deux structures et kesterite et stannite sont formées d'un arrangement cubique compact d'anions avec des cations occupant la moitié des sites tétraédriques (voir **figure I.6**). Ainsi, ces deux structures sont étroitement liées mais assignées à des groupes d'espaces différents en raison des différentes distributions des cations Cu^+, Zn^{2+} et Sn^{4+} [50].

a. La structure Kesterite

La structure de type kesterite est caractérisée par l'alternance des couches cationiques CuSn, CuZn, CuSn et CuZn à z = 0, ¼, ½ et ¾ respectivement. C'est ainsi qu'un atome de cuivre occupe avec le zinc la position 2a (0, 0, 0) alors que les autres atomes de cuivre sont positionnés à 2c (0, ½, ¼) et 2d (0, ½, ¾), ce qui conduit au groupe d'espace I $\bar{4}$. Quant à l'atome de soufre, il se trouve sur le miroir plan (110) à la position 8g (x, y, z) [50].

b. La structure Stannite

Dans ce type de structure, les couches ZnSn alternent avec les couches CuCu. Cette structure est en accord avec la symétrie du groupe d'espace I $\bar{4}$2m où le cation divalent (Zn^{2+}) est situé à l'origine 2a (0, 0, 0) alors que le cation monovalent (Cu^+) est situé à la position 4d (0, ½, ¼). L'atome de soufre est localisé sur le miroir plan (110) à la position 8i (x, x, z). Pour l'étain Sn, il occupe la même position dans les deux structures qui est 2b (0, 0, ½) [50]. Les propriétés cristallographiques de chaque structure sont rassemblées dans le *tableau I.5* suivant :

		Kesterite			Stannite
a(Å)		5.434			5.427
c(Å)		10.868			10.848
V(Å^3)		160.5			159.8
ρ(g/cm^3)		4,56			
Groupe Spatial		I$\bar{4}$			I$\bar{4}$2m
Position des atomes					
Cu	x	0	0	0	0
	y	0	½	½	½
	z	0	¼	¾	¼
Zn	x	0			0
	y	0			0
	z	0			0
Sn	x	0			0
	y	0			0
	z	½			½
S	x	0.756			
	y	0.75566			
	z	0.8722			

Table I.5. Données structurales et paramètres du réseau de Cu_2ZnSnS_4 [1, 2, 3, 50, 76, 105, 106]

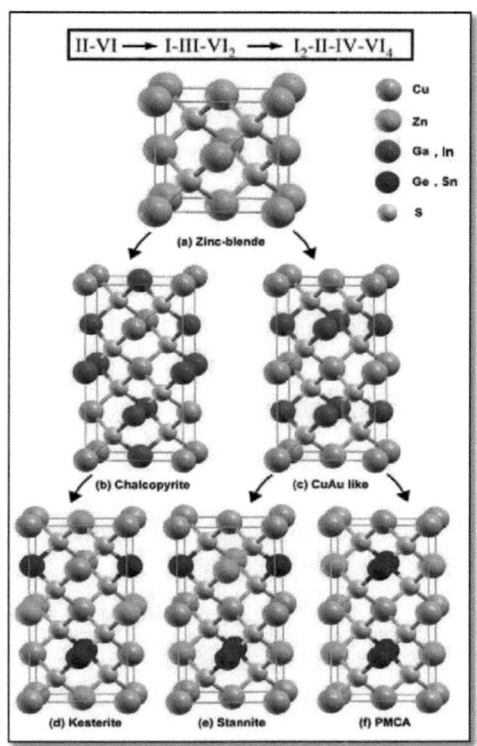

Figure I.5. Structures kesterite et stannite du matériau Cu_2ZnSnS_4 déduites de la structure Zinc Blende [78]

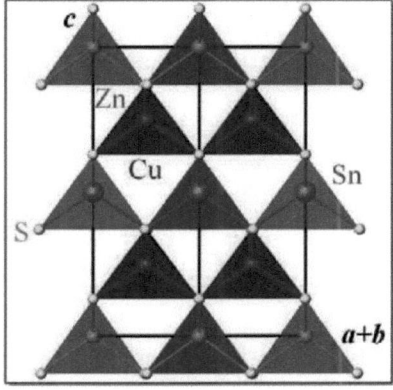

Figure I.6. Disposition des cations dans le réseau anionique de la structure kesterite du matériau CZTS [78]

La structure Kesterite du matériau CZTS (groupe d'espace I $\bar{4}$) dérivant de la structure zinc blende (Structure sphalérite) est reconnue d'être la plus stable. La différence d'énergie pour chaque atome à l'égard de la structure stannite (groupe d'espaceI $\bar{4}$2m) est de quelques meV, ce qui prouve que les deux structures stannite et kesterite peuvent coexister dans un même échantillon. Ceci suggère à dire que la structure stannite observée expérimentalement est en réalité la structure kesterite avec un désordre au sein du sous-réseau Cu-Zn [17].

Identiquement à la famille des chalcopyrites, les structures kesterite et stannite du matériau quaternaire CZTS sont déduites de la structure zinc blende par substitution des cations Zn^{2+} de telle manière que chaque anion soufre (S^{2-}) est lié à un atome de zinc Zn, un atome d'étain Sn et deux atomes de cuivre Cu. L'existence de trois types de cations engendre trois différentes longueurs de liaisons de type cation-anion (Cu-S, Zn-S, Sn-S), ce qui provoque un déplacement de l'anion de son site idéal dans la structure zinc blende. Cette distorsion est mesurée par les paramètres de déplacement d'anions u_x, u_y, u_z. Ce facteur u est plus difficile à mesurer que les constantes du réseau a et c, en raison de l'hétérogénéité des échantillons [77].

Cette distorsion pourrait également s'exprimer par les angles des liaisons cation-anion-cation qui diffèrent légèrement de la valeur idéale, égale à 109.471°. Ainsi, les angles relatifs aux liaisons Cu-S-Sn et Zn-S-Sn sont plus petits que la valeur idéale à l'inverse des liaisons Cu-S-Zn et Cu-S-Cu dont la valeur est plus grande que la valeur idéale [50]. (Voir **figure I.7**)

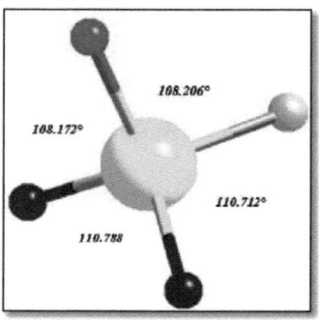

Figure I.7. Les angles de liaisons cation-anion- cation au sein du tétraèdre anionique du matériau CZTS dans sa structure de type kesterite [50]

C'est ainsi qu'une distribution désordonnée des cations pourrait causer des défauts ponctuels à savoir les lacunes ainsi que les défauts d'anti-site, ce qui influera sur les propriétés électroniques du matériau **[50]**.

I.2.5. Propriétés optiques

L'étude des propriétés optiques des couches minces nous permet d'avoir des renseignements importants sur l'aptitude du matériau à participer à l'effet photovoltaïque. En effet, le rendement des cellules solaires dépend principalement de la lumière absorbée par la couche absorbante. Du point de vue technologique, la couche absorbante doit avoir un gap optimal et un coefficient d'absorption optique élevé afin d'absorber la plus large gamme des longueurs d'ondes du spectre solaire.

Le composé quaternaire Cu_2ZnSnS_4 est un semi-conducteur à gap direct jouant le rôle d'absorbeur dans une cellule solaire en raison de ses propriétés optiques intéressantes. Sa bande interdite dépend de sa structure cristalline ; en effet, si ce matériau cristallise dans la structure kesterite, son gap évoluera dans l'intervalle [1,45eV-1,6eV] **[6, 8, 23, 40, 51, 77, 92, 98]** alors que dans la structure stannite, son énergie de bande interdite évoluera dans l'intervalle [1,4eV – 1,5 eV] **[49, 100]**.

En outre, le composé Cu_2ZnSnS_4 se distingue des autres matériaux photovoltaïques absorbeurs tels que CdTe, $CuInS_2$ et CIGS par un coefficient d'absorption très élevé, supérieur à $10^4 cm^{-1}$, avoisinant $10^5 cm^{-1}$ dans le domaine du visible et du proche IR.

I.2.6. Diagramme de bandes

Le comportement électrique des semi-conducteurs est généralement modélisé à l'aide de la théorie des bandes d'énergie. Ce diagramme permet de définir spatialement les extrema des bandes de conduction et de valence.

Le diagramme de bandes relatif au matériau CZTS est représenté sur la **figure I.8** ci-dessous indiquée:

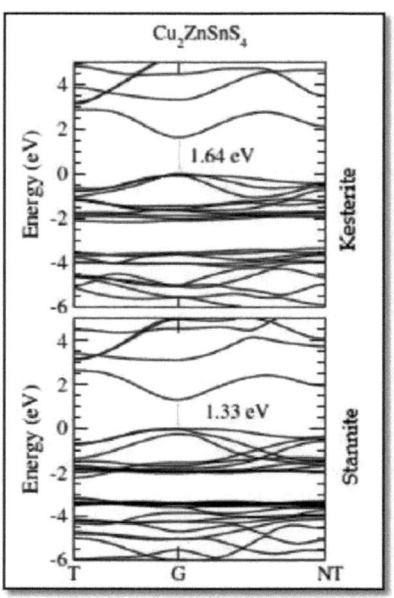

Figure I.8. Structure de bande d'énergie du matériau CZTS dans les deux structures : Kesterite et Stannite [77]

Cette figure indique que c'est un semi-conducteur à gap direct vu que le minimum de la bande de conduction et le maximum de la bande de valence sont situés au même point G. On rappelle que les configurations électroniques des couches de valence du cuivre, du zinc, de l'étain ainsi que du soufre sont:

Cu [Ar] : $3d^{10}\,4s^{1}$

Zn [Ar]: $3d^{10}\,4s^{2}$

Sn [Kr]: $4d^{10}\,5s^{2}\,5p^{2}$

S [Ne]: $3s^{2}\,3p^{4}$

Ainsi, la bande de valence du matériau CZTS est-elle formée d'une combinaison linéaire antiliante des états 3d du cuivre et 3p du soufre alors que la bande de conduction est constituée des états 5s de l'étain et 3p du soufre. Les transitions des états Cu-3d/S-3p de la bande de valence à la bande de conduction permettent de déterminer les propriétés optiques du matériau CZTS dans la gamme visible du spectre solaire.

C'est ainsi que ce matériau admet deux gap optiques légèrement différents suivant le type de structure dans lequel il cristallise. Cette différence est représentée dans le diagramme de la **figure I.8** où le matériau admet un gap optique égal à 1,64eV dans la structure kesterite et 1,33eV dans la structure stannite **[77]**.

I.2.7. Propriétés électriques et défauts de structure

Plusieurs chercheurs ont étudié les propriétés électriques du matériau quaternaire Cu_2ZnSnS_4, notamment l'identification et la caractérisation des défauts dans ce dernier. C'est ainsi que les défauts physiques et chimiques jouent un rôle très important dans la détermination des propriétés électriques des matériaux semi-conducteurs.

Chen et al. ont investigué sur les défauts intrinsèques et les défauts complexes dans le matériau quaternaire CZTS en se basant sur le premier principe de la théorie de la densité fonctionnelle (DFT) **[97]**. Ils ont conclu que :

- Il est très important de contrôler les potentiels chimiques des divers éléments afin d'entraver la formation de phases secondaires telles que ZnS, CuS ainsi que Cu_2SnS_3.
- La conductivité intrinsèque de type p est attribuée à l'antisite Cu_{Zr} qui possède une énergie de formation faible et un niveau accepteur relativement plus élevé que celui des lacunes de cuivre V_{cu}.
- La faible énergie de formation des défauts accepteurs conduira au caractère intrinsèque de type p du matériau quaternaire CZTS c'est-à-dire que le dopage de type n serait très difficile à réaliser au sein de ce dernier.
- Le rôle des défauts complexes électriquement neutres pourrait être très important, puisqu'ils possèdent des énergies de formation faibles et peuvent remarquablement passiver les niveaux les plus profonds dans la bande interdite du matériau CZTS, réduisant ainsi les recombinaisons dans les dispositifs photovoltaïques.

A titre d'exemple, [$Cu_{Zn}^- + Zn_{Cu}^+$], [$V_{Cu}^- + Zn_{Cu}^+$] et [$Zn_{Sn}^{2-} + 2Zn_{Cu}^+$] pourraient se former facilement dans des échantillons non-stœchiométriques **[97]**.

La **figure I.9** illustre les différents niveaux de transitions énergétiques des défauts intrinsèques susceptibles de se produire dans la bande interdite du matériau CZTS.

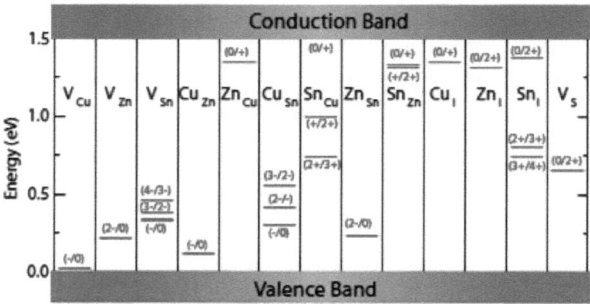

Figure I.9. Les niveaux de transitions énergétiques des divers défauts intrinsèques dans la bande interdite du matériau Cu_2ZnSnS_4 [17, 97]

I.2.8. Les différentes techniques de réalisation des couches minces de Cu_2ZnSnS_4

Actuellement, plusieurs techniques d'élaboration des couches minces de Cu_2ZnSnS_4 sont mises au point. Dans ce qui suit, nous donnerons de brèves descriptions des divers processus de croissance du matériau Cu_2ZnSnS_4 en couches minces.

I.2.8.2. Méthodes physiques

a. L'évaporation thermique sous vide

En 1997, **Friedlmeier et al**. ont déposé des couches minces de Cu_2ZnSnS_4 par évaporation thermique sous vide des éléments cuivre Cu et soufre S et des chalcogénures binaires ZnS, SnS ou bien l'étain Sn sur des substrats de verre sodocalcique revêtus de molybdène Mo. Ces couches ont subi par la suite un recuit à l'air pendant 8h à 200°C. Pour une hétérojonction formée d'une couche absorbante à base de ce matériau et d'une fenêtre optique de CdS/ZnO, ils ont rapporté un rendement de conversion qui est de 2,3% et une tension en circuit ouvert de 570mV. Ils ont d'ailleurs constaté que suite à un traitement au KCN, la résistivité électrique des couches minces pourrait varier de 1 à 100 Ωcm **[61, 79, 91]**.

b. La coévaporation

En 2006, **T.Tanaka et al.** [19] ont adopté l'évaporation simultanée, sous vide poussé, des matériaux sources Cu, Zn, Sn et S comme technique de synthèse des couches minces de CZTS. Les éléments sources sont contenus, chacun, dans des cellules d'effusion dont les températures sont de l'ordre de 1300°C, 300°C, 1400°C et 80°C correspondant respectivement aux éléments Cu, Zn, Sn et S. Le dépôt est effectué sur des substrats chauffés entre 400°C et 600°C, pendant 60 minutes. Le film mince obtenu exhibe une orientation préférentielle selon le plan (112). La taille des grains dépend de la température des substrats, elle augmente avec l'élévation de leur température.

c. L'évaporation par faisceau d'électrons

En 1996, à PVSEC-9 (Photovoltaic Science and Engineering Conference), **Katagiri et al.** ont été les premiers à avoir déclaré que les couches minces de CZTS pourraient se déposer avec succès par sulfuration en phase vapeur des précurseurs (Cu, Zn, Sn) évaporés par bombardement électronique. Ils ont aussi rapporté que le rendement de conversion de la cellule solaire ayant comme structure ZnO:Al /CdS/CZTS/ Mo/substrat de verre sodocalcique est de 0,66% [102]. En 1999, le rendement s'est élevé jusqu'à 2,63% ce qui a été signalé à PVSEC-11[103]. Par ailleurs, la même équipe de recherche a atteint, en 2003 au WCPEC (World Conference on Photovoltaic Energy conversion), un rendement encore plus élevé égal à 5,45% [93].

d. Dépôt par laser pulsé

Moriya et al. ont employé la technique de dépôt sous vide par laser pulsé afin d'élaborer la couche absorbante CZTS des cellules solaires en couches minces. Le rendement obtenu avec ce dispositif était de 1,74% [80, 81].

L'effet du faisceau laser incident sur les propriétés structurales, optiques et morphologiques des couches minces CZTS a été étudié par **Pawar et al.** en 2010. Cette étude a révélé que la cristallinité des couches s'améliore avec l'augmentation de l'énergie du faisceau laser incident jusqu'à une valeur de 2,5 J/cm^2 [25].

e. Pulvérisation cathodique par faisceau d'atomes

La technique de pulvérisation par faisceau atomique a été employée en 1988 par **Ito et Nakazawa** en vue d'obtention de couches minces de CZTS. Le gap optique des couches obtenues est estimé à 1,45eV **[40]**.

f. Pulvérisation magnétron réactive à courant continu

Cette méthode a été adoptée par **Liu et al.** en 2010 ayant comme source cible un mélange stœchiométrique des éléments Cu/Zn/Sn (Cu : Zn : Sn =2 :1 :1, rapport molaire). Ainsi, les films précurseurs ont été réalisés en une seule étape. Le matériau Cu_2ZnSnS_4 a été obtenu suite à une sulfuration des précurseurs métalliques. Les couches minces fabriquées par voie de cette méthode possèdent un coefficient d'absorption optique supérieur à $10^5 cm^{-1}$. Toutefois, outre le matériau de synthèse obtenu Cu_2ZnSnS_4, des phases secondaires apparaissent telles que $Cu_{2-x}S$ et Cu_3SnS_4. Une analyse supplémentaire a révélé que la concentration des porteurs de charges libres est estimée à $10^{18} cm^{-3}$ **[82]**.

g. Pulvérisation cathodique magnétron RF

Seol et al. ont adopté la pulvérisation cathodique magnétron RF afin de déposer les couches minces de CZTS sur des substrats de verre à température ambiante. Cu_2S, ZnS et SnS_2 furent les sources cibles pour l'élaboration de ces films. Les couches obtenues étaient amorphes. Ainsi, un recuit sous atmosphère d'argon Ar et de soufre $S_2(g)$ a été effectué, ce qui a permis d'avoir des couches ayant un rapport stœchiométrique en Cu/Zn/Sn mais déficitaires en soufre. En vue d'élucider ce problème, d'autres recuits ont été réalisés sous atmosphère de soufre à des températures supérieures à 200°C. Il a été aussi noté que la stœchiométrie de la couche mince est affectée par la puissance RF de la pulvérisation [23].

h. Pulvérisation hybride

En 2005, **Tanaka et al**. ont utilisé la pulvérisation hybride sous vide comme approche afin de déposer les éléments Cu, Zn et Sn sur des substrats en quartz. Plus précisément, les couches métalliques de Zn et Sn ont été déposées par pulvérisation cathodique à courant continu alors que le cuivre Cu a été déposé par pulvérisation

RF. Des couches minces stœchiométriques de CZTS, élaborées à des températures de substrats supérieures à 400°C, ont été obtenues. Toutefois, des pertes en Zn ont été observées pour des températures supérieures à 450°C [6].

I.2.8.3. Méthodes chimiques
a. Spray pyrolyse

L'élaboration des couches minces de CZTS par dépôt, à température ambiante, des précurseurs en solutions à l'aide de la technique de spray pyrolyse a été rapportée par **Nakayama et Ito** en 1996. Une solution contenant les précurseurs CuCl, $ZnCl_2$, $SnCl_4$ et la thiourée à des concentrations appropriées, dissoute dans un mélange d'éthanol et d'eau désionisée, est pulvérisée sur des substrats de verre chauffés. La structure cristalline des couches minces élaborées est de type stannite [49].

Depuis lors, d'autres chercheurs ont adopté la même technique mais en utilisant des solutions précurseur différentes tel est le cas de **Kamoun et al**. qui ont étudié l'effet de la température des substrats et de la durée de pulvérisation sur la cristallinité des couches dudit matériau. La meilleure cristallinité a été obtenue à une température de substrat de 613K et une orientation préférentielle des couches suivant le plan (112) a été observée [8].

Les effets de la température des substrats, de la valeur du pH ainsi que la composition des solutions précurseur sur la morphologie et la cristallinité du matériau CZTS, ont été également étudiés par **Kumar et al**. Leurs résultats ont montré que la meilleure cristallinité des couches a été obtenue dans la gamme de température [463 K–483 K] avec un pH=4,5. Toutefois, des impuretés telles que le ZnS ont été observées avec le composé recherché [83, 84].

Prabhakar et Nagaraju ont eu recours à la technique de spray pyrolyse à ultrason afin de déposer les couches minces de CZTS sur des substrats de verre sodocalcique (SLG : soda lime glass substrate). Les films ayant comme structure cristalline la structure kesterite sont obtenus à une température de 613K, ce qui est conforme aux résultats déjà rapportés par d'autres chercheurs [85].

b. Dépôt électrochimique

Le dépôt électrochimique des couches minces de CZTS a été réalisé pour la première fois par **Scragg et al.** en 2008 **[86]**. Un empilement de couches métalliques de Cu/Sn/Zn a été déposé séquentiellement sur des substrats de verre revêtus de molybdène à l'aide de 3 électrodes où Ag/AgCl a été utilisée comme électrode de référence. Cu et Sn ont été déposés à -1,14V et -1,21V respectivement à l'aide de solutions alcalines adéquates. Quant au zinc, il a été déposé à un potentiel de -1,20V dans un milieu acide (pH=3). Les couches minces de CZTS ont été formées suite à un recuit des précurseurs métalliques à 500°C sous atmosphère de soufre. La densité de dopage des films était de l'ordre de $10^{16}cm^{-3}$. Des études postérieures élaborées par la même équipe de recherche sur les performances des cellules solaires à base de ce matériau, ont montré que ce dispositif donne de meilleurs rendements sous faible intensité lumineuse. A haute intensité lumineuse, la recombinaison dans la zone de charge d'espace augmente conduisant à une diminution de la performance de la cellule **[12]**. Un rendement de conversion de 3,2% a été obtenu par une telle cellule dont la morphologie ainsi que l'uniformité de la couche absorbante CZTS ont été optimisées en modifiant l'ordre d'empilement des couches métalliques déposées par voie électrochimique **[96]**.

Ennaoui et al. ont également déposé les précurseurs Cu-Zn-Sn sur des substrats de verre sodocalcique revêtus de molybdène, à l'aide d'une solution électrolytique contenant le cuivre (II), le zinc (II) et l'étain (IV) ainsi que des agents complexant et des additifs. La meilleure cellule solaire exhibe un rendement de 3,4% (Jsc=14,8 mA/cm², Voc=563mV, FF=41%) dont la composition de la couche absorbante CZTS est déficiente en cuivre. Leur recherche a également révélé la présence de phases secondaires au niveau de l'interface CZTS/substrat telles que la phase ZnS pour des couches riches en zinc et la phase Cu_2SnS_3 pour des couches déficientes en zinc **[13]**.

Scragg et al. ont également étudié l'effet du recuit, sous maintes atmosphères gazeuses, sur la morphologie des couches minces de CZTS fabriquées par voie électrochimique. Ils ont conclu que le recuit sous atmosphère de H_2S améliore la cristallinité des couches à l'inverse du recuit sous atmosphère de soufre **[10]**.

c. Dépôt photochimique

En 2005, **Moriya et al.** ont mesuré la photoconductivité des couches minces de CZTS élaborées par dépôt photochimique des solutions aqueuses de $CuSO_4$, $SnSO_4$, $ZnSO_4$ et $Na_2S_2O_3$. Ils ont également rapporté que la valeur du pH de la solution contenant les précurseurs influe légèrement sur la composition du film [87].

d. La technique Sol gel

En 2007, **Tanaka et al.** ont synthétisé les couches minces de CZTS via la méthode sol-gel par spin coating (c'est-à-dire élaboration du film par rotation du substrat). La solution de précurseurs contient les sels d'acétate de cuivre (II), de zinc (II) ainsi que le chlorure d'étain Sn(II) dissous dans le solvant 2-méthoxyéthanol. Afin d'éviter la formation de précipités, du monoéthanolamine a été additionné à la solution. Les films de CZTS ont été formés par recuit à 500°C sous atmosphère d'acide sulfurique H_2S [95]. Plus tard, ils ont rapporté avoir fabriqué les autres composantes des cellules solaires en plus de la couche CZTS et plus précisément la fenêtre optique Zn/ZnO :Al élaborée par spin-coating ainsi que la couche tampon CdS fabriquée via la technique CBD (dépôt par bain chimique). Les cellules solaires ainsi obtenues présentent un rendement de 1,01 % (Jsc=7,8 mA/cm^2, Voc=390 mV) [88].

La même équipe de recherche a investigué sur l'effet de la composition chimique de la solution de précurseurs sur les propriétés morphologiques et optiques des couches minces dudit matériau. Des grains de grande taille ont été obtenus sur des films élaborés à partir de solution de précurseurs déficiente en cuivre (Cu/ (Zn+Sn) < 0.8, rapport molaire). Le gap optique des couches, déficitaires en cuivre, a été plus important en comparaison avec celles riches en cuivre. La meilleure cellule solaire exhibe un rendement de conversion de 2,03 % [89].

I.2.9. Travaux récents réalisés sur le matériau Cu_2ZnSnS_4

Actuellement, plusieurs équipes de recherche investiguent sur de nouvelles techniques de synthèses des couches minces de CZTS en vue d'améliorer leur qualité cristalline.

Wangperawong et al. ont adopté une nouvelle méthode de fabrication des films précurseurs du matériau CZTS. Tout d'abord, ils ont déposé par bain chimique les sulfures de zinc et d'étain ZnS et SnS sur des substrats de verre revêtus de molybdène. Ensuite, l'élément cuivre a été incorporé dans le film précurseur par un mécanisme d'échange d'ions. Des films de bonne cristallinité ont été formés suite à un recuit à 500°C sous atmosphère de H_2S **[90]**.

Des chercheurs du laboratoire de photovoltaïque de l'université du Luxembourg ont récemment publié dans le « Journal of the American Chemical Society » les premiers résultats d'un projet de recherche engagé depuis mai 2009 (et devant aboutir en 2012) portant sur la production de cellules photovoltaïques à base de kesterite. L'objectif du projet est de définir un procédé permettant de déposer cet élément minéral composite en couche mince en lui conférant des propriétés électroniques maximales. Les chercheurs luxembourgeois se sont notamment attachés à réduire les pertes d'étain lors de la préparation, plusieurs laboratoires ayant noté auparavant que cette perte d'étain limitait la capacité à contrôler les processus de dépôt. Les premiers essais du nouveau procédé de préparation et de dépôt par co-évaporation ont permis de produire ainsi une cellule dont le rendement a été mesuré et validé par l'Institut Fraunhofer à 6,1 %. Pour l'équipe de recherche, ce résultat est une première étape, permettant de comprendre les autres contraintes associées à ces cellules solaires en kesterite et donc d'envisager des gains de rendement supplémentaires prochainement. Rappelons que d'autres équipes travaillent activement sur cette option de la kesterite, notamment IBM Research qui avait annoncé en 2010 des résultats très intéressants (supérieurs à 9 %) avec des cellules de kesterite produites avec une technique de dépôt s'approchant des méthodes « d'impression ».

I.2.10. Propriétés de quelques cellules solaires en couches minces à base de CZTS

La structure généralement adoptée, pour une cellule photovoltaïque en couches minces à base du matériau Cu_2ZnSnS_4, est illustrée dans la **figure I.10** sous-citée :

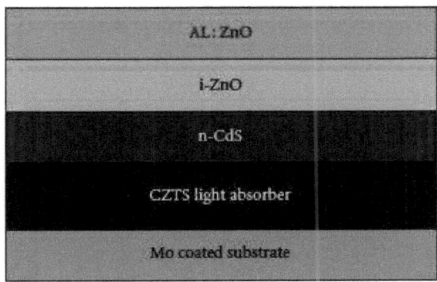

Figure I.10. Schéma représentant la structure d'une cellule solaire en couche mince à base de CZTS

Cette cellule solaire comprend :

- Le substrat en verre sodocalcique (SLG substrate).
- Le contact inférieur qui est un contact ohmique généralement en molybdène Mo.
- La couche absorbante avec une conduction de type p: c'est la couche CZTS formant la jonction P.
- La couche tampon avec une conduction de type n : c'est la couche CdS formant la jonction n.
- Deux couches d'oxyde transparent jouant le rôle de fenêtre optique : Une couche de ZnO intrinsèque et une autre dopée à l'aluminium.

Ito et Nakazawa furent les premiers à avoir découvert l'effet photovoltaïque du matériau CZTS et ce en 1988 **[40]**. Ils ont fabriqué une hétérodiode composée d'une couche absorbante à base de ce matériau et d'une couche transparente d'oxyde double de cadmium et d'étain, les deux couches étant déposées sur un substrat d'acier inoxydable. Une tension en circuit ouvert, égale à 165mV, a été obtenue avec ce dispositif.

En 1997, **Friedlmeier et al**. ont fabriqué des cellules solaires ayant comme couche absorbante le quaternaire CZTS en contact avec une couche de CdS de type n formant ainsi une jonction p-n et ayant comme fenêtre optique la couche ZnO. Le rendement de conversion ainsi obtenu était de 2,3% **[91]**.

Un meilleur rendement de conversion a été obtenu, en 1999, par le groupe de recherche de **Katagiri** qui a fabriqué des cellules solaires à 2,63% d'efficacité. Dans cette cellule, la couche mince de CZTS a été déposée sur des substrats revêtus de molybdène Mo [92].

En optimisant sur la procédure de sulfuration, le rendement de conversion a augmenté jusqu'à 5.45% en 2003 [93] puis jusqu'à 6.7% en 2008 [94].

Le meilleur rendement actuellement atteint pour une cellule solaire à base de CZTS est de 9.6% rapporté par **Todorov et al.** en 2010. Cette cellule a été partiellement séléniée afin d'élargir la réponse spectrale [54]. L'évolution du rendement de conversion des cellules photovoltaïques à base de CZTS est résumée sur la **figure I.11** suivante :

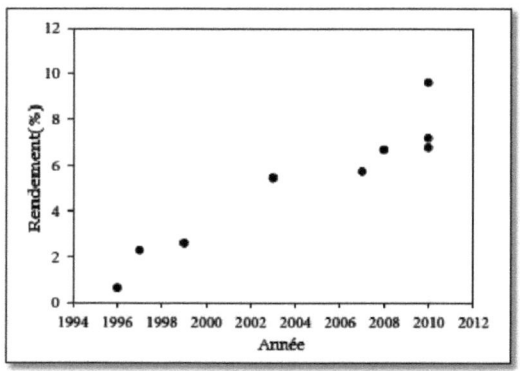

Figure I.11. Evolution du rendement de conversion des cellules solaires en couches minces utilisant Cu_2ZnSnS_4 comme absorbeur solaire [52]

Méthode	Matériau	ρ(%)	Voc(V)	Jsc(mA/cm²)	FF	Année	Références
Evaporation thermique	CZTS	6,8	0,587	17,8	0,65	2010	[53]
Pulvérisation magnétron RF	CZTS	6,77	0,61	17,9	0,62	2008	[56]
Electrodéposition	CZTS	3,4	0,563	14,8	0,41	2009	[13]
Injection chaude	CZTSSe	7,2	0,42	30,4	0,53	2010	[55]
Hydrazine (Spin coating)	CZTSSe	9,67	0,516	28,6	0,65	2010	[54]

Table I.6. Paramètres caractéristiques des meilleurs rendements actuels des cellules solaires en couches minces à base de CZTS élaborées par diverses méthodes

I.2.11. Caractéristiques intéressantes du matériau quaternaire Cu_2ZnSnS_4

Cu_2ZnSnS_4 est un matériau prometteur pour la fabrication des cellules solaires en couches minces grâce à ses propriétés physico-chimiques intéressantes à savoir :

- C'est un matériau formé d'éléments abondants et non toxiques (Zn, Sn) contrairement aux matériaux absorbeurs CIGS et CdTe qui contiennent l'indium In, le Cadmnium Cd ainsi que le Tellurium Te comme éléments rares, coûteux et nocifs à l'environnement.
- Son gap optique varie dans la gamme [1,45eV-1,6 eV], intervalle dans lequel le rendement des cellules solaires est optimal.
- Un coefficient d'absorption optique supérieur à $10^4 cm^{-1}$ pouvant même avoisiner $10^5 cm^{-1}$ dans la gamme visible du spectre solaire.
- Dans la gamme de potentiels chimiques stables, Cu_{Zn} est le défaut intrinsèque dominant de type p, plus faible en énergie à l'égard des lacunes de cuivre V_{Cu} (copper vacancy). Ceci est à l'origine de la conductivité de type p de ce matériau [**104**].
- La formation de la paire $[V^-_{Cu}+Zn^+_{Cu}]^0$ dans les conditions de croissance riches en Zn et déficientes en Cu pourraient s'avérer bénéfique pour maximiser le rendement des cellules solaires à base de ce matériau. Toutefois, la précipitation de la phase ZnS devrait être empêchée [**97, 104**].

Chapitre II

Procédures Expérimentales Et Techniques de Caractérisation

II. Procédures Expérimentales Et Techniques de Caractérisation

Dans ce chapitre, nous décrirons dans un premier temps le protocole expérimental permettant la synthèse de la poudre de Cu_2ZnSnS_4 ainsi que la technique utilisée afin d'élaborer les couches minces dudit matériau. Nous présenterons ensuite les différentes techniques d'investigations que nous avons utilisées en vue de caractériser les couches minces, objet de notre étude, à savoir la diffraction des rayons X, la spectroscopie UV-Vis ainsi que la méthode de la pointe chaude.

II.1.   Synthèse de la poudre de Cu_2ZnSnS_4

Le matériau quaternaire Cu_2ZnSnS_4 a été synthétisé par voie de la méthode de Bridgman Horizontale. La poudre fine de Cu_2ZnSnS_4 de diamètre de l'ordre de 0,1mm est obtenue par broyage manuel d'un lingot. Ce dernier est formé en mélangeant les éléments de haute pureté à savoir le cuivre (**Cu = 99,99%**), le zinc (**Zn=99,9%**), l'étain (**Sn =99,9%**) et le soufre (**S=99,9%**) pesés individuellement dans les proportions stœchiométriques (Cu:2, Zn:1, Sn:1 et S:4). Du fait de son oxydation facile à l'air libre, le cuivre est d'abord décapé à l'aide d'une solution d'acide chlorhydrique HCl puis rincé à l'eau désionisée.

Le mélange est introduit ensuite dans un tube en quartz de 2 mm d'épaisseur et de 20 cm de longueur, préalablement nettoyé à l'eau régale (2/3 d'acide chlorhydrique (HCl), 1/3 d'acide nitrique (HNO_3)) puis rincé à l'eau désionisée et à l'acétone et enfin, séché à l'étuve à 120°C pendant 15minutes. Le tube, scellé sous un vide secondaire de l'ordre de 10^{-6} Torr, est placé dans une position horizontale à l'intérieur d'un four programmable de type (Nabertherm-Allemagne) à six segments de température dont le maximum est de 1200°C.

Le chauffage du four commence de la température ambiante jusqu'à 1000°C en passant par plusieurs paliers. Le schéma représenté sur la **figure II.1** indique le profil thermique adopté pour cette synthèse. Vu la haute pression de vapeur du soufre (2 atm à 493°C et 10 atm à 640°C) et afin d'éviter une éventuelle explosion, une vitesse de montée assez faible de l'ordre de 10°C /heure a été adoptée jusqu'à une température de 200°C. Une fois cette température est atteinte, la vitesse de montée devient égale à 20°C/heure jusqu'à atteindre le premier palier qui est de 600°C. Le maintien à cette température pendant 24h est nécessaire afin de favoriser la réactivité du soufre avec les éléments métalliques présents, de telle manière que, vers les hautes températures, la teneur en soufre élémentaire soit minime.

Afin d'atteindre le second palier qui est de 1000°C, une montée à 20°C/heure a été programmée. Le maintien à cette température a duré 48h en vue d'avoir une bonne interdiffusion des éléments. L'ampoule est ensuite refroidie avec une vitesse de 10°C/heure jusqu'à atteindre la température de 800°C. Une fois cette température est atteinte, le four est arrêté et l'ensemble continue de refroidir jusqu'à la température ambiante.

Le produit de synthèse comme le montre la **figure II.2** se présente sous forme de lingot, mesurant 20 mm de longueur, de couleur grise foncée, parsemé de petits cristaux brillants de petite taille et de couleur bleuâtre.

Une fois ce lingot est prêt, il est broyé en petits grains de l'ordre de 0,1 mm de diamètre. La poudre obtenue servira comme matière première dans l'élaboration des couches minces photovoltaïques via la technique d'évaporation thermique sous vide.

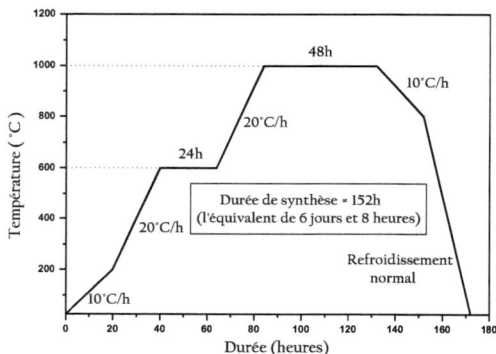

Figure II.1. Profil thermique de synthèse de la poudre de Cu_2ZnSnS_4

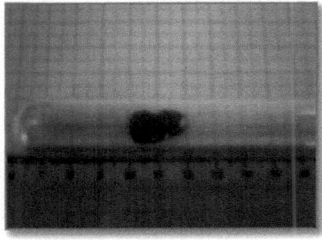

Figure II.2. Lingot de Cu_2ZnSnS_4

Les étapes de préparation de la poudre de Cu_2ZnSnS_4 sont schématisées sur la **figure II.3** suivante :

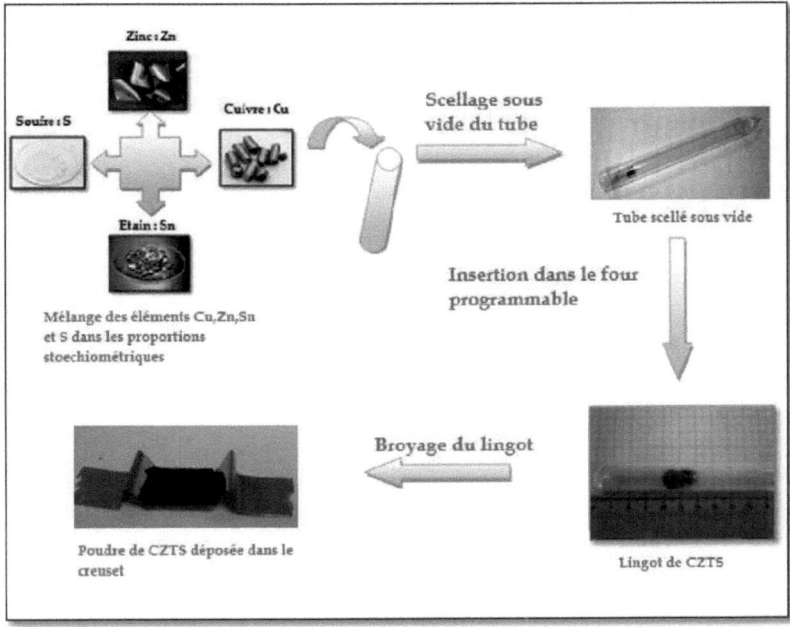

Figure II.3. Schéma synoptique de préparation de la poudre de Cu_2ZnSnS_4

II.2. Elaboration des couches minces de Cu_2ZnSnS_4 par la technique d'évaporation thermique sous vide

La technique d'évaporation thermique sous vide a été adoptée dans le présent travail afin d'élaborer les couches minces du matériau quaternaire Cu_2ZnSnS_4.

II.2.1. L'évaporation thermique sous vide : Principe de base

C'est une technique très utilisée dans la technologie du micro-usinage dont le principe repose sur le chauffage par effet joule, dans une enceinte sous vide, du matériau qu'on veut déposer. Les atomes du matériau à évaporer reçoivent alors de l'énergie calorifique, c'est-à- dire que leur énergie vibratoire dépasse l'énergie de liaison et provoque son évaporation. Une fois évaporé, le matériau placé dans un creuset, est recueilli par condensation sur le substrat à recouvrir formant ainsi une couche mince [65]. La température d'évaporation du matériau doit être inférieure à celle de fusion du creuset. La vitesse de dépôt des couches minces dépend de plusieurs paramètres à savoir la température de la source, la distance entre le creuset et le substrat et le coefficient d'adhérence des espèces évaporées sur les substrats. Les avantages de cette technique sont nombreux parmi lesquels on peut citer:

- ✓ Méthode simple d'utilisation
- ✓ Haute pureté des matériaux
- ✓ Une vitesse de dépôt élevée (de 1 nm/min à 10µm/min)
- ✓ Adaptée aux applications électriques et optiques
- ✓ Investissement faible

Le principe de cette méthode est illustré sur la **figure II.4** :

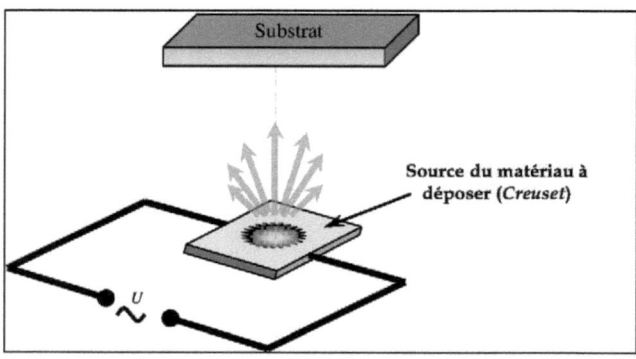

Figure II.4. Schéma simplifié de l'évaporation thermique sous vide par effet Joule

II.2.2. Appareillage

II.2.2.1. Schéma général du dispositif d'évaporation thermique sous vide

Les principaux éléments constitutifs d'un groupe sous vide sont représentés à la **figure II.5** dans laquelle on peut distinguer :

- ❖ La chambre à vide
- ❖ Le système de pompage : pompes primaires, pompes secondaires
- ❖ L'instrumentation de mesure du vide
- ❖ La source d'évaporation
- ❖ Le porte substrat
- ❖ Le dispositif de chauffage

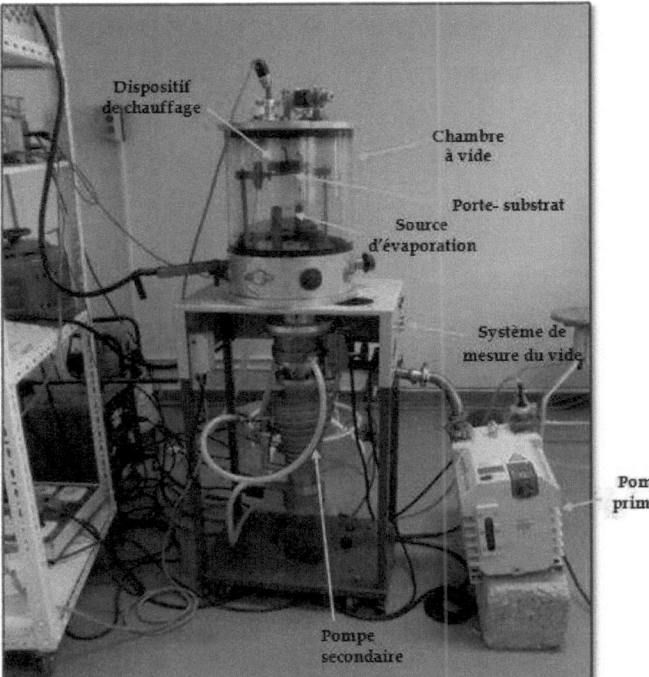

Figure II.5. Schéma général du dispositif d'évaporation thermique sous vide

a. Chambre à vide

Il s'agit d'une cloche en verre ou en acier inoxydable avec les accès nécessaires au chargement du substrat et de l'évaporant. Les joints entre flasques sont des joints toriques en Viton (fluoroélastomère); mais pour un vide poussé (<10^{-8}) on utilise des joints de métaux mous (indium). La chambre doit être chauffée à 50°C quand elle est ouverte à l'atmosphère pour éviter la condensation de vapeur d'eau. Pour la production industrielle rapide, la chambre de dépôt est reliée à des chambres de chargement et de déchargement par des tuyauteries munies d'une vanne d'isolation. Il existe des procédés de préparation en continu pour des substrats en ruban [48].

b. Système de pompage

Le vide qui règne dans l'enceinte est généré par un système de pompage constitué de deux pompes l'une primaire permettant d'atteindre une pression de l'ordre de **10^{-3}** Torr et l'autre secondaire générant un vide secondaire allant jusqu'à **10^{-6}** Torr.

i. Pompe primaire

Il existe plusieurs types de pompes primaires parmi lesquels on peut citer : la pompe à palettes, la pompe à zéolithe, la pompe à piston, etc. On décrira brièvement le principe de fonctionnement de la pompe à palettes dont une coupe schématique est représentée sur la **figure II.6**.

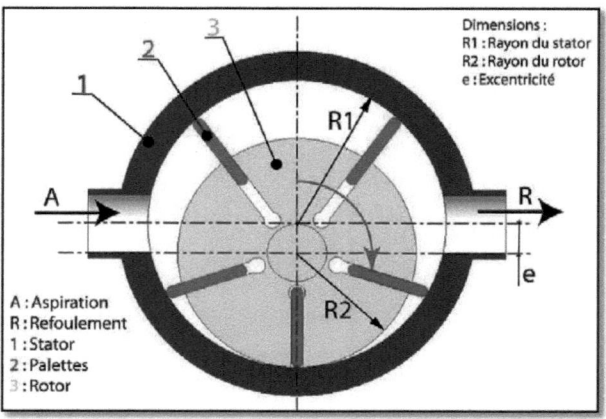

Figure II.6. Schéma de principe d'une pompe à palettes [62]

C'est une pompe de transfert volumétrique constituée d'un rotor cylindrique monté de manière excentrique dans une chambre stator également cylindrique. Ce rotor est muni de rainures où coulissent des palettes appliquées en permanence contre la paroi du stator par un jeu de ressorts et par la force centrifuge. Deux orifices placés de manière adéquate servent à l'aspiration de l'air d'un côté et à son refoulement de l'autre [70].

ii. Pompe secondaire

Il existe plusieurs types de pompe secondaire parmi lesquelles on peut mentionner : La pompe turbo-moléculaire, La pompe ionique et la pompe à diffusion. Le dispositif d'évaporation thermique disponible au laboratoire est muni d'une pompe à diffusion dont le principe est illustré sur les deux figures ci-dessous indiquées :

Figure II.7. Coupe d'une pompe à diffusion [72]

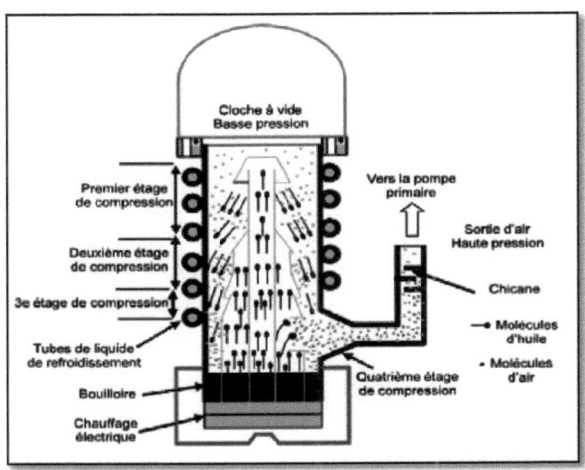

Figure II.8. Principe de fonctionnement d'une pompe à diffusion [75]

La pompe à diffusion est constituée de 3 parties :

- Un corps cylindrique refroidi par une circulation d'eau.
- Un système de chauffage qui porte à ébullition le fluide moteur (huiles de différents types)
- Un ensemble d'éjecteurs, qui assure la circulation de la vapeur d'huile et son éjection dans le corps de la pompe.

Le fluide est chauffé à ébullition par le bouilleur de telle manière que la température la plus élevée soit au centre du bouilleur et que la vapeur d'huile remplisse les cheminées à une pression partielle d'huile saturante. La vapeur échappe alors par les fentes des éjecteurs à vitesse supersonique. Les éjecteurs orientent le jet de vapeur en nappes coniques orientées vers le bas de la pompe et vers les parois froides. Lorsque la nappe de vapeur de fluide moteur heurte des molécules du vide ambiant, arrivées là par leur mouvement moléculaire propre, il y a choc élastique entre molécules d'hydrocarbures, lourdes et à grande vitesse, et molécules des gaz du système, légères et à vitesse thermique. Ces dernières sont déviées dans la direction de la nappe, et de choc en choc entraînées dans la direction du pompage. Le fluide moteur se condense sur les parois froides du corps et coule à nouveau dans le bouilleur où son cycle recommence. Les gaz sont "comprimés" d'étage en étage, puis sont repris par la pompe primaire sous le niveau du dernier éjecteur. On a donc un gradient de pression entre l'orifice de pompage et celui de refoulement [72].

c. Instrumentation de mesure du vide

Afin de contrôler la pression à l'intérieur de la chambre à vide, le dispositif d'évaporation thermique est couplé à un système de mesure du vide constitué de deux jauges thermiques (la jauge de penning et la jauge ionique), l'une pour mesurer la pression au refoulement de la pompe à diffusion et l'autre pour la pression dans la cloche pendant le prévidage, afin de connaître à quel moment isoler la pompe primaire et ouvrir la pompe à diffusion.

d. Source d'évaporation

Suivant le mode de chauffage du produit à déposer sur les substrats de verre, maintes sources d'évaporation peuvent exister à savoir : les sources à effet joule, les sources à bombardement électronique, les sources à induction, etc...

Ainsi, pour pouvoir évaporer un matériau donné, il faudrait bien choisir la forme et le type de source car il n'existe pas de source commune pouvant évaporer tous les types de matériaux. Le mauvais choix de la source pourrait altérer la qualité des couches à élaborer pour diverses raisons telles que :

- Les interactions chimiques entre le matériau à évaporer et la source pourraient causer des impuretés au niveau des couches à déposer.
- A très haute température, le matériau de la source pourrait être dissous avec un autre élément du matériau à déposer, ce qui provoquerait la cassure du creuset.

Nous allons décrire brièvement les sources à effet Joule étant donné que la méthode de dépôt utilisée est l'évaporation thermique sous vide. Ces sources peuvent emprunter des formes diverses telles que la forme bateau, la forme nacelle, panier, épingle et peuvent exister même en filament (Voir **figure II.9**).

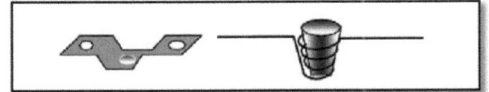

Figure II.9. Creusets à effet Joule [75]

Ces sources sont fabriquées à base de matériaux réfractaires tels que le Molybdène (Mo), le Tungstène (W) ainsi que le Tantale (Ta) dont les caractéristiques seront présentées dans le **tableau II.1** suivant :

Caractéristiques	Tungstène (W)	Molybdène (Mo)	Tantale (Ta)
Point de fusion (°C)	3380	2610	3000
Résistivité électrique (10^{-6} Ωcm^{-1}) à : 20°C 1000°C 2000°C	5,5 33 66	5,7 32 62	13,5 54 87
Expansion thermique : De 0 à 1000°C De 1000°C à 2000°C	0,5 1,1	0,5 1,2	0,7 1,5

Table II.1. Caractéristiques des métaux réfractaires à base desquels sont fabriqués les creusets [99]

La poudre de Cu_2ZnSnS_4 est déposée dans un creuset en tungstène en forme de bateau traversé par un courant électrique pouvant atteindre 130A. Ce creuset, une fois chauffé, fait fondre puis évaporer la poudre dudit matériau pour venir se condenser à la surface des substrats.

e. Porte substrat

Le porte substrat est constitué d'une plaque circulaire en duralumin (alliage d'aluminium contenant du cuivre, du manganèse et du magnésium) de 10 cm de diamètre, de 2 mm d'épaisseur et située verticalement à 120 mm au dessus du creuset. Il permet de positionner une dizaine de lames de verre ($26*12*1mm^3$) et admet aussi un degré de liberté de rotation selon son axe principal afin de fixer la position des substrats par rapport au flux de vapeur puisqu'il s'est avéré que l'inclinaison des substrats modifie considérablement les propriétés physiques des couches minces élaborées **[101]**.

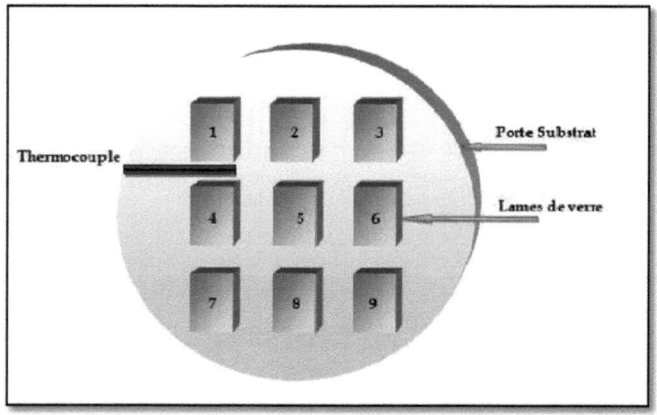

Figure II.10. Disposition des lames de verre sur le porte substrat

f. Dispositif de chauffage

Le dispositif de chauffage est un four constitué d'un disque chauffant de 100 mm de diamètre déposé sur une bande métallique de 1 mm d'épaisseur et de même diamètre (**Figure II.11**). Le mode de chauffage des substrats, dans ce cas, est par rayonnement. Les couches minces élaborées sont alors déposées sur des substrats de verre soumis à un gradient de température. Le chauffage peut s'effectuer aussi par conduction en insérant un disque entre la plaque chauffante et le plan des substrats, d'épaisseur constante et de diamètre égal à celui du four. De ce fait, le gradient thermique est nul soit le chauffage est constant.

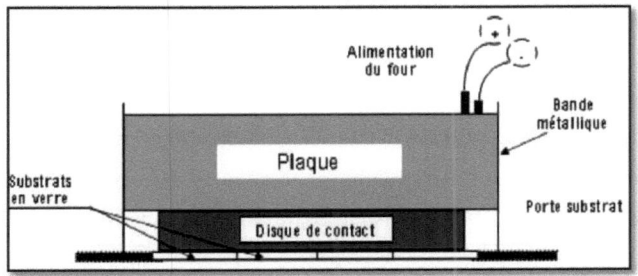

Figure II.11. Dispositif de chauffage

b. Description du montage expérimental exploité en laboratoire

Le Laboratoire LPMS-ENIT dispose d'un groupe d'évaporation thermique sous vide à l'aide duquel le dépôt des couches minces du matériau Cu_2ZnSnS_4 a été réalisé. C'est un évaporateur de type Alcatel muni de deux pompes :

- Une pompe primaire de type ELNOR permettant d'atteindre un vide primaire de l'ordre de 10^{-3} Torr.
- Une pompe à diffusion d'huile pouvant atteindre 10^{-6} Torr : Il s'agit d'une pompe secondaire.

L'évaporation a lieu sous vide, c'est-à-dire dans un environnement gazeux, vapeur de dépôt exclue, contenant extrêmement peu de particules. Le vide est indispensable à l'intérieur de la chambre de dépôt pour les raisons suivantes :

- Il assure une grande pureté des couches déposées sur les substrats et élimine le risque de leur oxydation.
- Il permet aux particules d'atteindre directement le support c'est-à-dire qu'elles peuvent se propager jusqu'à la cible sans collision avec d'autres particules.

Le groupe d'évaporation est muni de :

- Deux jauges : la jauge de penning pour mesurer la pression du vide primaire et une jauge ionique de marque Ionivac 37 pour contrôler la pression du vide secondaire.
- Un thermocouple Cr/Al afin de contrôler la température des substrats.
- Une alimentation du four (dispositif de chauffage) servant à chauffer les substrats.
- Une source de courant électrique permettant le chauffage du creuset.

Les creusets sont fixés sur deux colonnes métalliques de 8 cm de hauteur. A 12 cm en- dessus du creuset est placé un disque en duralumin muni du porte substrat.

c. Procédures expérimentales

Les différentes étapes de l'élaboration des couches minces du matériau Cu_2ZnSnS_4 seront décrites en détail dans ce paragraphe.

❖ **Etape 1** : Elle consiste à synthétiser le matériau Cu_2ZnSnS_4 par la méthode de Bridgman Horizontale dont la poudre servira comme matière première dans l'élaboration des couches minces.

❖ **Etape 2** : Il s'agit du nettoyage des substrats. Cette étape est très importante pour l'obtention de couches minces de bonne qualité car la moindre impureté peut engendrer la contamination et le décollement des couches déposées. En effet, les substrats utilisés dans les différentes expériences sont des lames de verre de 1mm d'épaisseur et de dimensions (26*12 mm²) qui ont été nettoyées à l'aide d'un détergent, rincées à l'eau désionisée puis à l'acétone, trempées pendant 15 minutes dans l'eau régale (1/3 de HNO_3 et 2/3 de HCl) puis rincées de nouveau dans l'eau désionisée et retrempées dans l'acétone [7]. Ces lames sont enfin séchées à 120°C dans l'étuve pendant 20 minutes et introduites dans le groupe à vide pour être déposées sur le porte substrat.

❖ **Etape 3** : C'est l'étape de l'élaboration des couches minces du matériau Cu_2ZnSnS_4 par la technique d'évaporation thermique sous vide en variant la température des substrats (température ambiante, 70°C, 100°C, 125°C, 150°C, 175°C et 200°C). Pour assurer l'évaporation, certaines démarches sont à suivre. Il s'agit notamment de:

- Nettoyer la cloche avec de l'acétone et du papier Josef.
- Déposer les lames de verre sur le porte substrat.
- Fixer la source (creuset en W) entre les deux colonnes d'alimentation électrique.
- Charger le creuset avec 0,15g de poudre.
- Remettre la cloche à sa place.
- Mettre sous vide la chambre : le vide primaire (10^{-3} Torr) est atteint grâce à la pompe à palettes alors que le vide secondaire (10^{-6} Torr) est assuré par la pompe à diffusion d'huile.
- Chauffer les substrats jusqu'à ce que leur température se stabilise à l'intérieur de la chambre à vide.
- Activer l'alimentation électrique pour chauffer le creuset et évaporer le matériau tout en contrôlant l'intensité I_c et la durée d'évaporation.
- Une fois le matériau est évaporé, on interrompt le chauffage et on laisse la chambre refroidir pour pouvoir éliminer le vide et récupérer les échantillons.

II.3. Techniques de caractérisation des couches minces de Cu_2ZnSnS_4

Nous présenterons dans ce paragraphe, les diverses techniques d'investigation auxquelles nous avons eu recours, afin de caractériser les couches minces élaborées.

II.3.1. Caractérisation structurale par Diffraction des Rayons X « DRX »

La diffractométrie de rayons X (on utilise aussi fréquemment l'abréviation anglaise **XRD** pour désigner *X-ray diffraction*) est une méthode d'analyse physico-chimique couramment employée pour déterminer la structure cristalline d'un matériau. Elle s'applique à des milieux cristallins possédant un arrangement périodique ordonné.

Les méthodes diffractométriques nous fournissent deux types d'informations :

- **Structurales** : phases cristallines, structure cristalline, paramètres de maille, distribution des atomes,…
- **Microstructurales** : taille des grains, contraintes, texture,…

II.3.1.1. Principe

L'état cristallin est caractérisé par la répartition périodique dans l'espace d'un motif atomique. Cette répartition ordonnée constitue des plans parallèles et équidistants dits plans réticulaires {h,k,l}. Les distances inter réticulaires sont de l'ordre de 0.15Å-15Å et dépendent de la disposition et du diamètre des atomes dans le réseau cristallin. Elles sont constantes, caractéristique du cristal, et peuvent être calculées grâce à la diffraction des rayons X dont le principe est comme suit : Lorsqu'un matériau cristallin est irradié par un faisceau parallèle de rayons X monochromatiques, les plans atomiques qui le composent agissent comme un réseau à trois dimensions. Le faisceau de rayons X est alors diffracté dans une direction donnée par chacune des familles des plans réticulaires à chaque fois que la loi de Bragg est satisfaite [5, 16] :

$$2 d_{hkl} \sin\theta = n \lambda \quad \text{Relation de Bragg} \quad (1)$$

Avec :

d_{hkl} : La distance inter réticulaire du réseau cristallin.

θ : L'angle d'incidence des RX par rapport à la surface de l'échantillon

n : L'ordre de la diffraction

λ : La longueur d'onde du faisceau de rayon X incident.

Pour que la diffraction se produise, il faut que les ondes diffractées par les différents plans soient en phase, c'est à dire que la différence de marche des rayons rencontrant ces plans soit égale à un nombre entier **n** (voir **figure II.12**). Dans ce cas, l'angle suivant lequel le faisceau de rayons X est dévié, est égal à l'angle d'incidence θ et est caractéristique de la distance inter réticulaire d_{hkl}. Si l'on connaît la longueur d'onde λ du faisceau de rayons X, on peut mesurer à partir de l'angle θ l'équidistance d_{hkl} et identifier ainsi la nature du cristal [5].

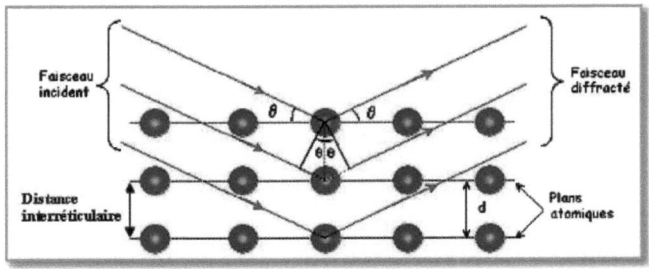

Figure II.12. Schéma de diffraction des rayons X par une famille de plans réticulaires

II.3.1.2. Appareillage

Le diffractomètre est constitué essentiellement de trois éléments à savoir :

- La source de rayonnement (tube à rayons X)
- Le porte échantillon : goniomètre
- Le système de détection

L'appareil utilisé dans le présent travail est un diffractomètre de type **Philips PW 3710** équipé d'un goniomètre à géométrie **BRAGG-BRENTANO** ($\theta/2\theta$) et d'un tube à rayons X à anticathode en cuivre (λ= 1,54059 Å), alimenté d'une tension d'accélération de 40 kV et d'un courant de 30 mA. Le pilotage de l'appareil est assuré par un micro-ordinateur (Voir **figure II.13**).

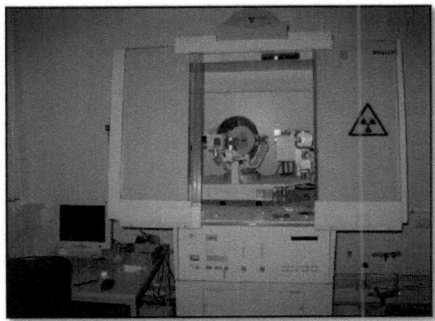

Figure II.13. Diffractomètre de type Philips PW 3710

Dans ce type de diffractomètre (Montage Bragg-Brentano), le tube à rayons X est fixe alors que le détecteur est animé d'un mouvement de rotation de vitesse $2\omega = 2d\theta/dt$.

Le détecteur tourne avec un angle 2θ tandis que le goniomètre qui porte l'échantillon tourne avec un angle θ.

Un balayage des angles est alors effectué. Lorsqu'un angle θ correspondant à une famille de plans (hkl) où la relation de Bragg est satisfaite, le détecteur enregistre une augmentation de l'intensité diffractée. Après la détection des photons, le compteur les transforme en charge électrique, ensuite ils sont amplifiés par un système électronique. Le signal électrique est envoyé vers un ordinateur qui donne l'allure du spectre avec les différents pics de diffraction [58]. L'identification des raies obtenues sur les spectres se fait par comparaison avec celles des fichiers de références établis par le JCPDS : Joint committee on powder diffraction standards.

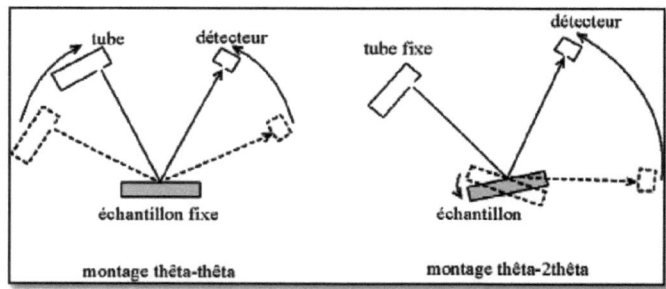

Figure II.14. Montage (θ-θ)- Montage (θ-2θ) [45]

II.3.2. Caractérisation optique par Spectroscopie UV-Vis

II.3.2.1. Principe

Les techniques spectroscopiques reposent sur l'interaction entre le rayonnement électromagnétique et la matière. L'absorption du rayonnement UV-Vis provoque des perturbations dans la structure électronique des atomes, ions ou molécules. Un ou plusieurs électrons de liaisons absorbent cette énergie pour passer de l'état fondamental (niveau de basse énergie) à l'état excité (niveau de plus haute énergie). Ces transitions électroniques se font dans le domaine du visible, de 400 à 800 nm et de l'ultra-violet entre 190 et 400 nm. Un milieu homogène traversé par la lumière absorbe une partie de celle-ci. Les différentes radiations constituant le faisceau incident sont différemment absorbées suivant leurs énergies, les radiations transmises sont alors caractéristiques du milieu [58].

II.3.2.2. Appareillage

Les spectrophotomètres classiques comprennent les mêmes éléments, qu'ils soient utilisés dans le domaine UV-Vis que dans le domaine IR : La source lumineuse, les porte-échantillon et référence, le monochromateur, le détecteur et le système de mesure [29].

Le principe de fonctionnement de ce spectrophotomètre est représenté sur la **figure II.15** :

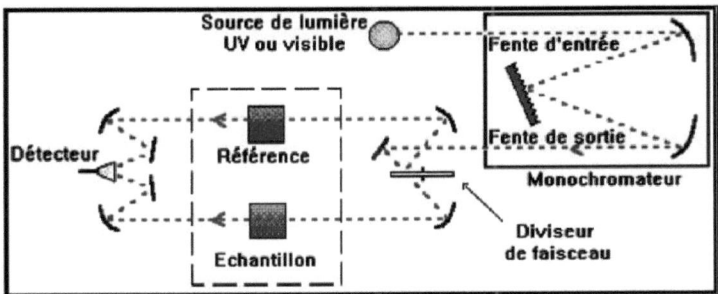

Figure II.15. Schéma de principe d'un spectrophotomètre UV-Vis à double faisceau

↓ Source de lumière

Elle est constituée généralement de deux lampes afin de couvrir tout le domaine UV-Vis.

- Dans le domaine UV (190nm-400nm), on utilise une lampe à décharge au deutérium avec un maximum d'émission à 652,1nm.
- Dans le domaine Visible, une lampe à filament de tungstène est utilisée.
- Dans certains cas, on ne peut utiliser qu'une seule lampe comme la lampe à décharge pulsée au xénon à haute pression dont le spectre couvre tout le domaine UV-Vis.

↓ Monochromateur

Le monochromateur est généralement composé d'une fente d'entrée, d'un dispositif de dispersion (prisme, réseau holographique par exemple) et d'une fente de sortie. Son rôle est d'extraire du rayonnement émis par la source, une bande spectrale la plus étroite possible dont on peut faire varier la longueur d'onde [29].

↳ Porte échantillon

Contenant l'échantillon et la référence, il doit être transparent au spectre de rayonnement incident.

↳ Détecteur

Les détecteurs couramment employés sont des tubes photomultiplicateurs et des photodiodes [29].

↳ Système de mesure

Le détecteur est relié grâce à un convertisseur, à un microprocesseur, qui non seulement recueille toute la série de mesures, mais également, dans certains spectrophotomètres, conduit le pivotement du système optique (réseau ou prisme).

Les spectrophotomètres peuvent être classés en deux catégories à savoir :

- ✓ Les spectrophotomètres à simple faisceau
- ✓ Les spectrophotomètres à double faisceau

Dans le montage à double faisceau, la source passe par le monochromateur puis est partagée en deux faisceaux : l'un dirigé vers le « blanc » c'est-à-dire le compartiment contenant la référence, l'autre dirigé vers le compartiment de l'échantillon. L'intensité lumineuse est mesurée par deux photodiodes ou par un photomultiplicateur. La réalisation d'un spectre s'effectue toujours en partant des grandes aux faibles longueurs d'onde afin d'éviter la détérioration du composé à analyser [26].

Nous avons utilisé un spectrophotomètre enregistreur à double faisceau, de type SHIMADZU UV-3100 S, équipé d'une sphère intégrante LISR.

Piloté par un ordinateur, il peut effectuer un balayage entre 220 nm et 3200 nm. Le traitement des spectres est effectué à l'aide du logiciel UV PROBE.

Figure II.16. Spectrophotomètre SHIMADZU UV-3100S

II.3.3. Détermination du type de conductivité électrique par la méthode de la pointe chaude

II.3.3.1. Principe

Appelée également « Hot Probe Method », c'est une technique qui repose sur le principe de l'effet thermoélectrique (Effet Seebeck). Elle est rapide, fiable et très utilisée pour déterminer le type de conductivité d'un semi-conducteur (N, P ou intrinsèque). En effet, si un matériau est soumis à un gradient de température, un potentiel électrique se manifeste entre la région froide et la région chaude. Le signe de ce potentiel est relié au signe des porteurs de charges et l'amplitude est proportionnelle à la différence de température [44].

II.3.3.2. Appareillage

L'appareillage nécessaire est simple, il consiste en une source de chaleur (fer à souder, allumette) et un Milliampèremètre (ou bien un galvanomètre à cadre mobile). L'allumette (fer à souder) sert à chauffer l'une des électrodes du milliampèremètre alors que l'autre électrode va jouer le rôle d'une pointe froide (voir **figure II.17**) [44].

Lorsque l'on applique les deux pointes des électrodes du milliampèremètre à la surface du semi-conducteur, l'aiguille subit une déviation qui indique le type des porteurs majoritaires. En effet, l'application de la pointe chaude donne de l'énergie aux électrons du semi-conducteur, ce qui crée des électrons libres. La concentration des porteurs majoritaires alors augmente ainsi diffusent-ils de la pointe chaude vers la pointe froide du fait du gradient de leur concentration. Le courant électrique qui en résulte est bouclé à travers le milliampèremètre extérieur. Le courant dû à la diffusion des porteurs minoritaires qui a lieu aussi est négligé devant celui dû aux porteurs majoritaires. Le courant qui résulte de cette diffusion est défini par les équations suivantes :

$$J_n = qD_n \nabla n(x,y,z) \qquad (2)$$

$$J_p = - qD_p \nabla p(x,y,z) \qquad (3)$$

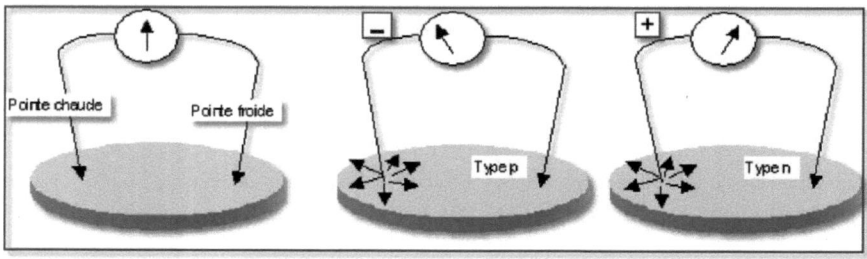

Figure II.17. Schéma expérimental du montage de la pointe chaude

Expérimentalement, nous avons utilisé un galvanomètre relié à deux sondes, l'une chauffée et l'autre non chauffée et un étalon couche de silicium de type N comme référence. Si le sens de déviation du « spot » est le même que celui de la couche de référence alors notre semi-conducteur est de type N, le cas échéant il sera de type P.

Chapitre III

Résultats & Discussion

III. Résultats & Discussion

Dans ce chapitre, nous exposons les résultats sous forme de courbes, obtenues grâce aux caractérisations structurales, optiques et électriques des échantillons afin d'évaluer l'influence des conditions d'élaboration (température des substrats) sur les divers paramètres des films déposés (gap optique, coefficient d'absorption optique, épaisseur, rugosité, etc.). Nous allons ensuite essayer d'interpréter ces résultats et de les comparer aux travaux déjà effectués.

III.1. Caractérisation structurale

III.1.1. Spectres de Rayons X

III.1.1.1. Diffractogramme de la poudre du matériau Cu_2ZnSnS_4

La figure *III.1* représente le diagramme de diffraction des Rayons-X de la poudre du matériau Cu_2ZnSnS_4 synthétisée par voie de la méthode de Bridgman horizontale.

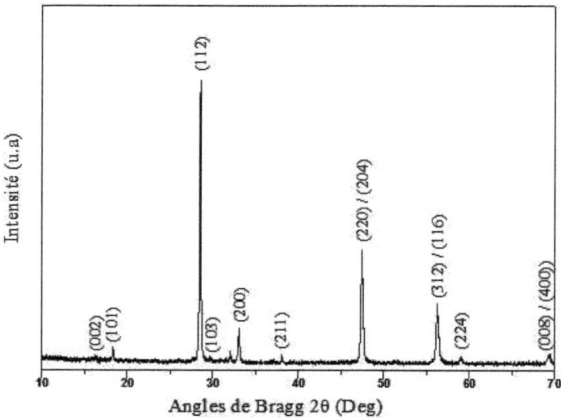

Figure III.1. Diffractogramme de la poudre de Cu_2ZnSnS_4 synthétisée

L'angle de diffraction varie de 10° à 70°. On observe 10 pics de diffraction situés à 2θ=16,283°; 2θ=18,334°; 2θ=28,459°; 2θ=29,861°; 2θ=33,119°; 2θ=37,974°; 2θ=47,399°; 2θ=56,187°; 2θ=59,017°; 2θ=69,286° correspondant respectivement aux plans (002),

(101), (112), (103), (200), (211), (220)/(204), (312)/(110), (224), (008)/(400) qui sont caractéristiques de la structure kesterite de la phase cristalline Cu_2ZnSnS_4.

On note un léger décalage des positions par rapport à celles données par les deux fiches JCPDS de Cu_2ZnSnS_4 ayant comme références (PDF 26-0575) et (PDF 34-1246) représentées sur les figures **III.2 et III.3** ci-dessous indiquées :

26-0575				Wavelength= 1.54051			
Cu_2ZnSnS_4				2θ	Int	h k l	
Copper Zinc Tin Sulfide				16.337	1	0 0 2	
				18.204	6	1 0 1	
				23.10	2	1 1 0	
Kesterite, syn				28.530	100	1 1 2	
				29.674	2	1 0 3	
Rad.: CuKa1 λ: 1.54051 Filter: Mono d-sp: Guinier				32.968	9	2 0 0	
Cut off: Int.: Diffract. I/Icor.:				37.024	1	2 0 2	
Ref: Schafer, Nitsche, Mater. Res. Bull., 9, 645 (1974)				37.965	3	2 1 1	
				40.757	1	1 1 4	
				44.995	2	1 0 5	
				47.329	90	2 2 0	
Sys.: Tetragonal S.G.: I$\bar{4}$2m (121)				56.175	25	3 1 2	
				56.856	3	3 0 3	
a: 5.427 b: c: 10.848 A: C: 1.9989				58.967	10	2 2 4	
α: β: γ: Z: 2 mp:				64.175	1	3 1 4	
				69.227	2	0 0 8	
Ref: Ivanov, V., Pyatenko, Yu, Zap. Vses. Mineral. O-va, 88, 165 (1959)				76.439	10	3 3 2	
Dx: 4.567 Dm: 4.540 SS/FOM: F_{17} = 16(0.024 , 39)							
Color: Greenish black Intensities verified by calculated pattern. Cu2 Fe S4 Sn type. Diamond SuperGroup. PSC: tI16. To replace 21-883 and 34-1246. Mwt: 439.40. Volume[CD]: 319.50.							
● 2003 JCPDS-International Centre for Diffraction Data. All rights reserved PCPDFWIN v. 2.4							

Figure III.2. . Fiche JCPDS 26-0575 de la phase Cu_2ZnSnS_4

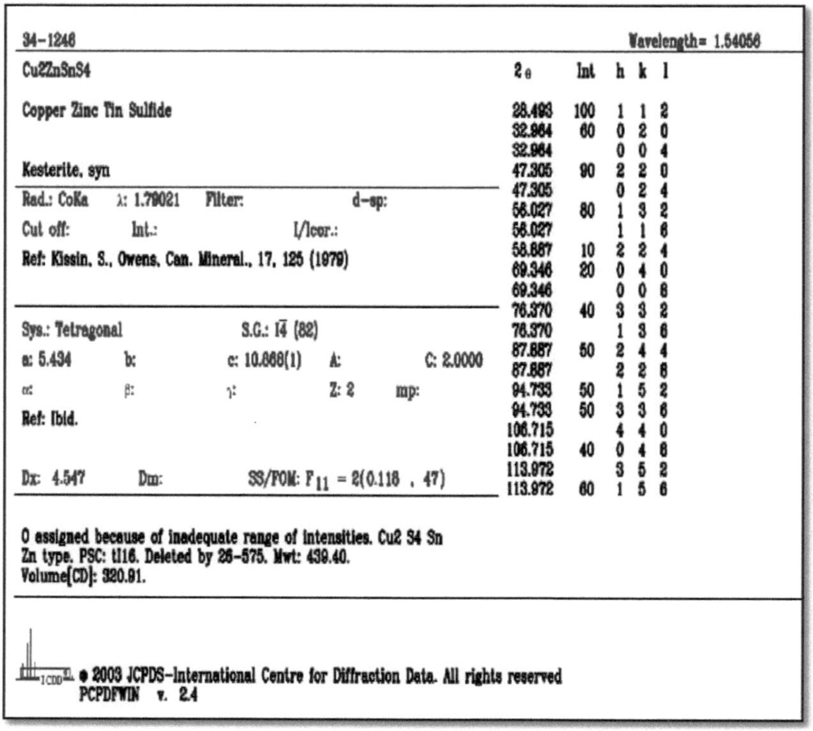

```
34-1246                                                    Wavelength= 1.54056

Cu2ZnSnS4                                    2θ    Int   h  k  l

Copper Zinc Tin Sulfide                    28.493  100   1  1  2
                                           32.964   60   0  2  0
                                           32.964        0  0  4
Kesterite, syn                             47.305   90   2  2  0
                                           47.305        0  2  4
Rad.: CoKa   λ: 1.79021   Filter:   d-sp:  56.027   80   1  3  2
Cut off:     Int.:        I/Icor.:         56.027        1  1  6
Ref: Kissin, S., Owens, Can. Mineral., 17, 125 (1979)
                                           58.687   10   2  2  4
                                           69.346   20   0  4  0
                                           69.346        0  0  8
                                           76.370   40   3  3  2
Sys.: Tetragonal        S.G.: I4̄ (82)      76.370        1  3  6
a: 5.434   b:      c: 10.868(1)   A:     C: 2.0000 87.887   50   2  4  4
                                           87.887        2  2  8
α:         β:      γ:      Z: 2    mp:     94.733   50   1  5  2
Ref: Ibid.                                 94.733   50   3  3  6
                                          106.715        4  4  0
                                          106.715   40   0  4  8
Dx: 4.547   Dm:       SS/FOM: F11 = 2(0.116 , 47)  113.972        3  5  2
                                          113.972   60   1  5  6
```

0 assigned because of inadequate range of Intensities. Cu2 S4 Sn
Zn type. PSC: tI16. Deleted by 26-575. Mwt: 439.40.
Volume[CD]: 320.91.

● 2003 JCPDS-International Centre for Diffraction Data. All rights reserved
PCPDFWIN v. 2.4

Figure III.3. Fiche JCPDS 34-1246 de la phase Cu_2ZnSnS_4

Le diagramme de diffraction montre aussi que seule la phase Cu_2ZnSnS_4 est présente dans la poudre et que le pic de diffraction le plus intense est relatif au plan réticulaire (112). Ceci traduit que ce matériau quaternaire admet une orientation de croissance préférentielle selon cet axe.

III.1.1.2. Diffractogrammes des couches minces de Cu_2ZnSnS_4 élaborées à différentes températures de substrat

L'analyse DRX a porté sur 7 échantillons élaborés à des températures de substrats de verre allant de 25°C à 200°C. Pour chacune des manipulations, une seule couche est choisie parmi les huit autres afin d'être analysée : c'est la couche n°5 positionnée au centre du porte-substrat qui a fait l'objet d'étude.

Les diffractogrammes correspondant sont illustrés ci-dessous :

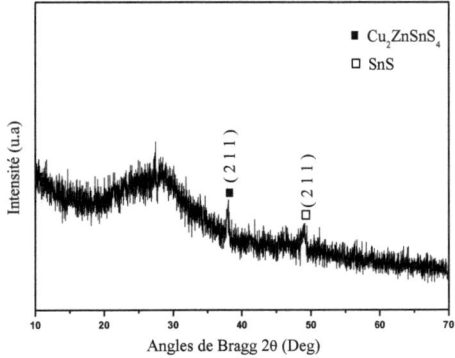

Figure III.4. Diagramme de diffraction de la couche CZTS élaborée sur des substrats non chauffés

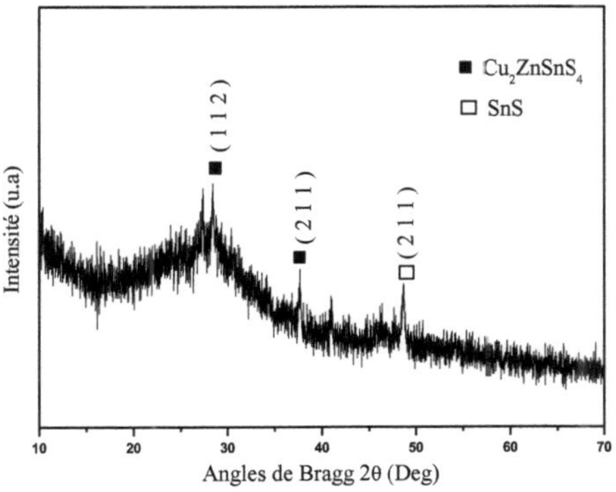

Figure III.5. Diagramme de diffraction de la couche CZTS élaborée sur des substrats chauffés à 70°C

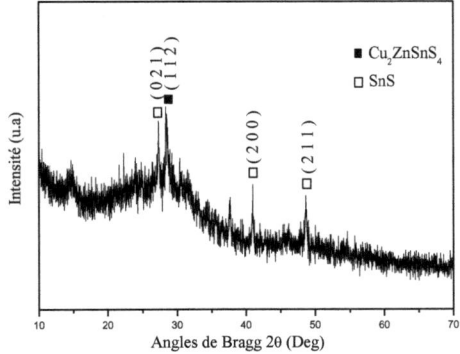

Figure III.6. Diagramme de diffraction de la couche CZTS élaborée sur des substrats chauffés à 100°C

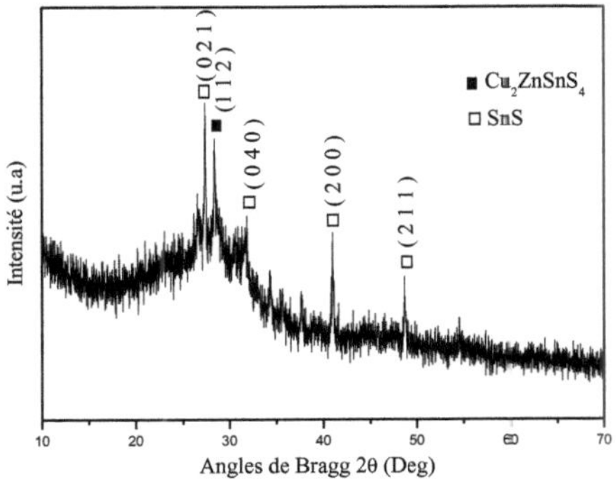

Figure III.7. Diagramme de diffraction de la couche CZTS élaborée sur des substrats chauffés à 125°C

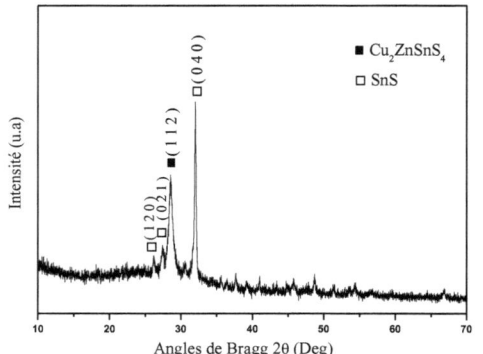

Figure III.8. Diagramme de diffraction de la couche CZTS élaborée sur des substrats chauffés à 150°C

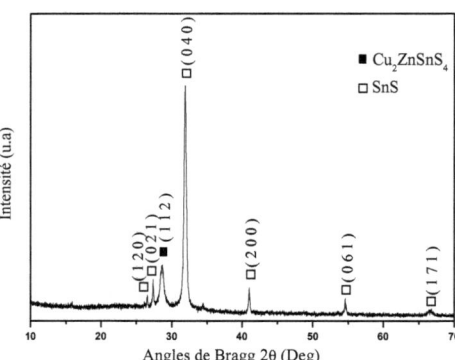

Figure III.9. Diagramme de diffraction de la couche CZTS élaborée sur des substrats chauffés à 175°C

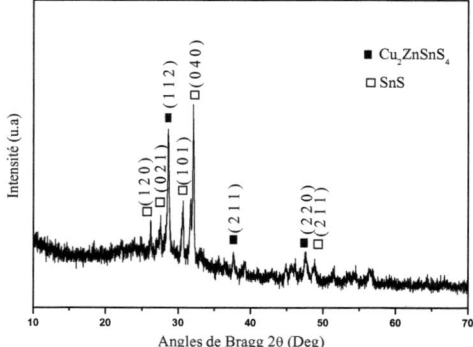

Figure III.10. Diagramme de diffraction de la couche CZTS élaborée sur des substrats chauffés à 200°C

Les spectres obtenus permettent d'identifier les principaux pics et l'étude de leur intensité relative permet de déduire l'orientation des cristallites. Rappelons que l'identification des phases des échantillons élaborés se fait en comparant les spectres expérimentaux aux données de référence qui constituent le fichier JCPDS.

Pour les couches minces de CZTS déposées sur des substrats de verre non chauffés et chauffés à 70°C, deux pics attribués au plan réticulaire (211) des deux phases CZTS et SnS apparaissent respectivement aux angles 38,02° et 49,07°. Le plan réticulaire (112) relatif à la phase CZTS, situé à 2θ =28,45° commence à apparaitre à une température de substrat de 70°C. Cependant, ces pics ne sont pas bien résolus ce qui signifie que les couches présentent un caractère globalement amorphe qui se traduit par un état plutôt désordonné (voir figures III.4 et III.5).

Pour une température de substrat égale à 100°C, la cristallisation des couches minces commence à avoir lieu, ce qui se traduit par l'apparition de pics de diffraction mieux résolus. Le diagramme de diffraction relatif à 100°C (Figure III.6) montre 4 pics principaux associés aux deux phases cristallines Cu_2ZnSnS_4 et SnS situés aux angles 28,46°, 27,34°, 41,06° et 48,58° assignés respectivement aux plans (112) de la phase Cu_2ZnSnS_4 et (021), (200) et (211) de la phase secondaire SnS conformément à la fiche JCPDS 39-0354 illustrée sur la figure III.11.

39-0354 Wavelength= 1.54056 *

SnS

Tin Sulfide

Herzenbergite, syn

Rad.: CuKa1 λ: 1.5405 Filter: Quartz Mono d-sp: Guinier

Cut off: Int.: Film I/Icor.:

Ref: Sugaki, A., Kitakaze, A., Kitazawa, H., Sci. Rep. Tohoku Univ., 16, 199 (1985)

Sys.: Orthorhombic S.G.:Pbnm (62)

a: 4.3291(2) b: 11.1923(4) c: 3.9838(2) A: 0.3868 C: 0.3559

α: β: γ: Z: 4 mp:

Ref: Ibid.

Dx: 5.187 Dm: SS/FOM: $_{30}$ = 95(.0061 , 52)

Synthesized by dry method in an evacuated silica glass tube. Teallite is the Pb analogue. Ge S type. Silicon used as an internal stand. PSC: oP8. To replace 1-984 and 14-620 and validated by calculated pattern 33-1375. See ICSD 24376 (PDF 75-1859). Mwt: 150.75. Volume[CD]: 193.03.

2θ	Int	h	k	l	2θ	Int	h	k	l
22.011	40	1	1	0	66.563	12	1	7	1
26.00	50	1	2	0	66.810	11	0	8	0
27.472	65	0	2	1	68.743	20	2	3	2
30.473	70	1	0	1	69.758	2	3	1	1
31.531	100	1	1	1	71.394	6	0	8	1
31.971	50	0	4	0	72.744	11	1	6	2
39.045	50	1	3	1	73.195	8	0	2	3
39.329	6	0	4	1	73.586	7	2	7	0
41.683	3	2	0	0	77.840	8	2	5	2
42.506	25	2	1	0	78.242	9	3	4	1
44.738	35	1	4	1	79.708	8	1	3	3
45.495	50	0	0	2	80.253	6	1	9	0
48.509	45	2	1	1	83.033	5	3	1	2
51.086	25	1	1	2	83.569	12	[1	4	3]
51.311	35	1	5	1					
53.147	40	1	2	2					
53.441	17	1	6	0					
54.072	19	2	3	1					
54.255	16	0	6	1					
56.675	35	0	4	2					
59.340	8	2	5	0					
60.928	4	1	4	2					
63.390	7	2	0	2					
64.004	30	2	1	2					
64.197	22	2	5	1					
66.370	9	1	5	2					

Figure III.11. . Fiche JCPDS 39-0354 de la phase SnS

A une température de substrat de 125°C, on observe les mêmes pics de diffraction, illustrés dans les figures précédemment citées, sauf qu'un autre pic apparaît à 2θ=31,87° attribué à la diffraction du plan (040) de la phase SnS qui augmente d'intensité en augmentant la température des substrats. A 150°C et à 175°C, d'autres pics correspondant à la phase SnS apparaissent aux voisinages de 26°, 54° et 66° affectés respectivement aux plans (120), (061) et (171). Ceci nous mène à dire que le chauffage des substrats favorise la formation de la phase SnS contrairement à la phase Cu_2ZnSnS_4 qui ne commence à bien cristalliser qu'à partir de 200°C où des pics caractéristiques de la structure kesterite apparaissent. Ces pics se trouvent à des angles d'environ 37,59° et 47,44° relatifs aux plans (211) et (220), respectivement.

Il est à remarquer que l'analyse DRX ne permet pas de distinguer facilement entre les phases CZTS, ZnS et la phase Cu_2SnS_3 vu qu'elles possèdent des distances interréticulaires d_{hkl} très proches donc des angles de diffraction similaires. Ce qui rend la détermination de la composition de la phase secondaire difficile [12].

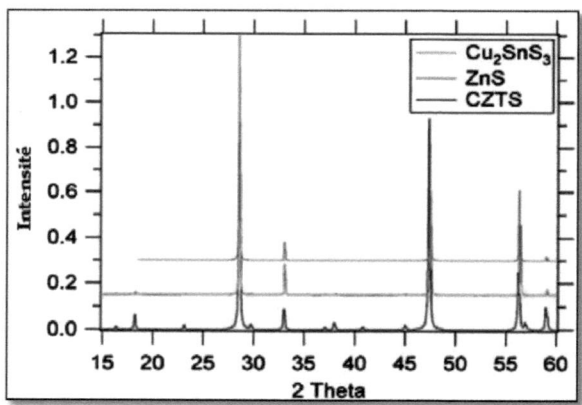

Figure III.12. Diffractogrammes des matériaux Cu2SnS3, ZnS et CZTS [107]

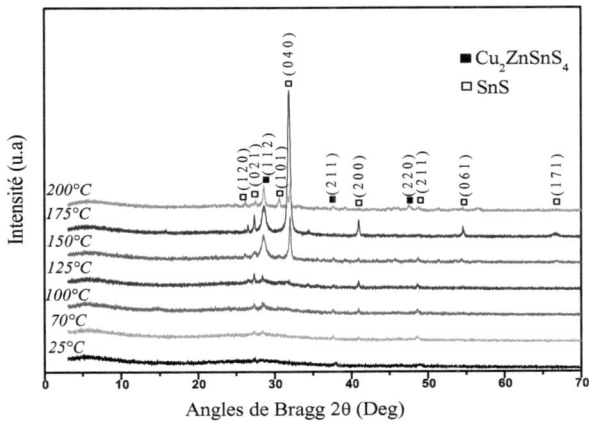

Figure III.13. Diffractogrammes de la couche mince CZTS élaborée à différentes températures de substrat

III.1.2. Détermination des paramètres de maille

Nous allons évaluer les paramètres de maille de la structure Kesterite (a, b et c) par le biais de deux méthodes : La méthode cristallographique classique et la méthode d'extrapolation de Nelson-Riley.

III.1.2.1. Méthode cristallographique classique

La détermination des paramètres cristallins a, b et c via cette méthode repose sur la loi de Bragg et la relation entre la distance interréticulaire d$_{hkl}$, les paramètres de maille ainsi que les indices de Miller. Ces deux relations sont définies par les équations ci-dessous indiquées [109] :

$$2d_{hkl}sin(\theta) = p\lambda \qquad (1)$$

Avec :

p : l'ordre d'interférence (dans ce cas, p est égal à 1)

λ : La longueur d'onde du faisceau incident ($\lambda = 1,54059$ Å)

θ : L'angle d'incidence des RX par rapport à la surface de l'échantillon

d_{hkl} : La distance entre deux plans réticulaires de la famille {hkl}

Sachant que le quaternaire Cu$_2$ZnSnS$_4$ cristallise dans le système tétragonal (a = b ≠ c et α=β= γ=90°), la distance interréticulaire d$_{hkl}$ aura comme expression [109] :

$$d_{hkl} = \frac{1}{\sqrt{\frac{h^2+k^2}{a^2} + \frac{l^2}{c^2}}} \qquad (2)$$

Ainsi, en se référant aux pics de diffraction des Rayons X de la poudre dudit matériau (**Fig. III.12**), on a pu extraire les différents angles de diffractions ainsi que les plans réticulaires {hkl} respectifs.

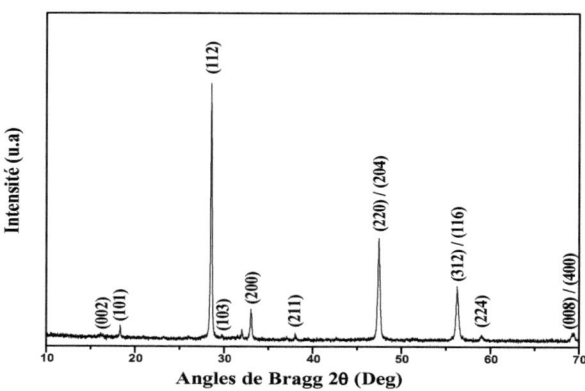

Figure III.14. . Diffractogramme de la poudre de Cu_2ZnSnS_4 synthétisée

Les résultats sont rassemblés dans le tableau **III.1** suivant :

(hkl)	2θ (°)	θ (°)	θ (Rad)	sin(θ)	$d_{hkl}(\text{Å}) = \frac{\lambda}{2\sin(\theta)}$	a (Å)	c (Å)
002	16,283	8,142	0,142	0,142	5,425	-	10,849
200	33,119	16,56	0,29	0,285	2,703	5,406	-
220	47,399	23,699	0,414	0,402	1,916	5,419	-
008	69,286	34,643	0,605	0,568	1,356	-	10,848

Table III.1. Détermination des paramètres de maille par la méthode cristallographique classique

Le calcul de la valeur moyenne des paramètres a et c nous donne :

$$a_{moy} (\text{Å}) = \frac{5{,}406 + 5{,}419}{2} = 5{,}412 \text{ Å} \qquad (3)$$

$$c_{moy} (\text{Å}) = \frac{10{,}849 + 10{,}848}{2} = 10{,}848 \text{ Å} \qquad (4)$$

La valeur moyenne du paramètre **a** est très proche de la valeur théorique qui est de 5,434 Å [105]. Quant au second paramètre **c**, sa valeur moyenne est très proche aussi de la valeur théorique qui est égale à 10,868 Å [105].

On pourra ainsi vérifier le rapport $\frac{c}{2a} = 1{,}002 \cong 1$. Ce rapport est très proche de 1, ce qui prouve que la structure de la maille est bien tétragonale.

III.1.2.2. Méthode d'extrapolation de Nelson-Riley

Cette méthode consiste à tracer les paramètres de maille (a et c) calculés à partir des pics de diffractions de la poudre de Cu$_2$ZnSnS$_4$, en fonction de E(θ), la fonction de **Nelson-Riley** qui s'écrit [109, 110, 111] :

$$E(\theta) = \frac{1}{2}\left(\frac{cos^2\theta}{sin\theta} + \frac{cos^2\theta}{\theta}\right) \quad (5)$$

Où : θ l'angle de diffraction exprimé en radians (Rad)

Cette fonction permet de linéariser les données et d'effectuer une régression linéaire suivie d'une extrapolation pour déterminer de façon précise les paramètres cristallins de la maille.

Les paramètres de maille ont été calculés en appliquant les relations précédentes (1) et (2) et en considérant que le rapport $\frac{c}{a}$, pour un système tétragonal, est égal à 2.

Les résultats sont rapportés dans le tableau **III.2** indiqué ci-dessous:

(hkl)	2θ (°)	θ (°)	θ (Rad)	sin(θ)	d_{hkl}(Å)= $\frac{\lambda}{2sin(\theta)}$	a (Å)	c (Å)=2a	E (θ)
002	16,283	8,142	0,142	0,141	5,463	5,463	10,926	6,9128
101	18,334	9,167	0,159	0,158	4,875	5,450	10,901	6,1446
112	28,459	14,23	0,248	0,245	3,144	5,446	10,891	3,8089
103	29,861	14,93	0,261	0,258	2,985	5,381	10,763	3,5968
200	33,119	16,56	0,289	0,285	2,703	5,406	10,812	3,2015
211	37,974	18,987	0,331	0,325	2,37	5,430	10,861	2,7271
220	47,399	23,69	0,413	0,401	1,921	5,433	10,867	2,0607
312	56,187	28,09	0,49	0,471	1,635	5,423	10,845	1,6215
224	59,017	29,51	0,515	0,492	1,565	5,421	10,843	1,5042
008	69,286	34,643	0,605	0,568	1,356	5,424	10,848	1,1538

Table III.2. Paramètres de maille et fonction de Nelson-Riley

Les représentations graphiques de a = f(E(θ)) et de c = f(E(θ)) sont schématisées respectivement dans les *figures* **III.15** et **III.16**:

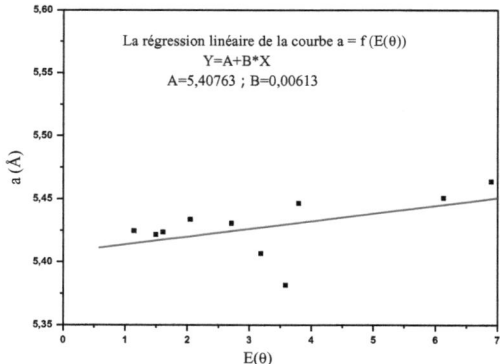

Figure III.15. Variation du paramètre cristallin a en fonction de E(θ)

L'ordonnée à l'origine de la droite de régression relative à la courbe a = f(E(θ)) nous permet d'extrapoler à E(θ)=0. Cette extrapolation nous donne le paramètre de maille a_0 = 5,407 Å. Cette valeur est très proche de la valeur théorique qui est de 5,434 Å [**105**].

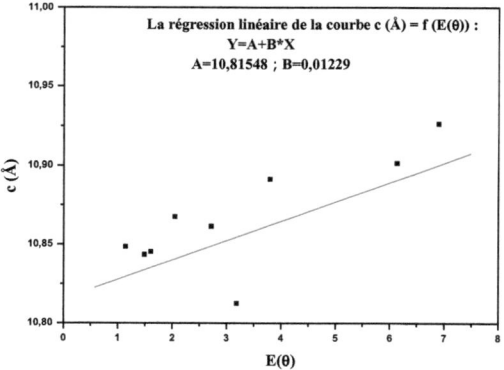

Figure III.16. Variation du paramètre cristallin c en fonction de E(θ)

L'extrapolation de la fonction de Nelson-Riley vers E(θ)=0 nous a permis de déterminer de manière précise le deuxième paramètre de maille c_0=10,815 Å. Cette valeur est proche de la valeur théorique qui est égale à 10,868 Å [**105**].

III.1.2.3. Conclusion

La détermination des paramètres de maille de la structure kesterite a été élaborée selon deux méthodes : la méthode cristallographique classique et la méthode de Nelson-Riley. La première méthode nous a fournit comme paramètres : a= 5,412 Å et c=10,848 Å. En appliquant la seconde méthode, les valeurs de a et c obtenues sont respectivement égales à 5,407 Å et 10,815 Å.

Les paramètres de maille calculés, selon ces deux méthodes, montrent un excellent accord avec ceux des fichiers standards JCPDS N°34-1246 et les résultats publiés dans la littérature [2, 3, 4, 10, 20].

III.1.3. Détermination de la taille des grains

Par exploitation des diffractogrammes DRX des couches minces de Cu_2ZnSnS_4, élaborées à différentes températures de substrat, nous avons pu évaluer la taille moyenne des cristallites formant la couche mince dudit matériau.

En admettant que les cristallites de Cu_2ZnSnS_4 (CZTS) sont sphériques, Scherrer en a donné le diamètre moyen par la relation [109, 110, 111] :

$$T = \frac{k\lambda}{\Delta\theta \cos(\theta)} \qquad (6)$$

Avec :
- **T** : La taille moyenne des grains (supposés sphériques) exprimée en nm.
- **k** : Une constante égale à 0,9.
- **λ** : La longueur d'onde du rayonnement incident exprimée en Å.
- **$\Delta\theta$** : La largeur à mi-hauteur du pic de diffraction (mesurée en radian).
- **θ** : L'angle de diffraction de Bragg de chaque pic de diffraction.

Le calcul de la taille des grains nécessite la connaissance de $\Delta\theta$, θ et λ.

Pour la largeur à mi-hauteur du pic de diffraction ($\Delta\theta$) ainsi que pour l'angle de diffraction θ, ils sont directement mesurés à partir des spectres DRX des couches correspondantes. Quant à la longueur d'onde λ, elle est égale à 1,54059 Å. Elle correspond à la longueur d'onde des raies $K\alpha_1$ du cuivre, utilisé comme anticathode, source de rayons X, dans le présent travail.

L'expression de Scherrer se présente alors sous la forme suivante :

$$T = \frac{0{,}9 \times 0{,}154059 \times 180}{\pi \times \Delta\theta(°)\cos(\theta)} = \frac{7{,}9442}{\Delta\theta(°)\cos(\theta)} \qquad (7)$$

Selon l'équation (6), la taille des cristallites est inversement proportionnelle à la largeur à mi-hauteur des pics de diffraction qui est liée à la cristallinité de la phase. Donc, plus la largeur à mi-hauteur est faible, plus la phase est cristalline et plus les cristallites sont grandes de taille.

Le calcul portera sur 7 couches minces de CZTS et plus précisément la couche n°5, élaborée à différentes températures de substrats (variant de la température ambiante à 200°C).

Les mesures des largeurs à mi- hauteurs des pics de diffraction ainsi que les données intermédiaires, permettant la détermination de la taille des cristallites, sont regroupées dans le tableau **III.3**.

Ts (°C)	Phase	Plan diffractant (hkl)	2θ (°)	θ (°)	θ (rad)	cos (θ)	$\Delta\theta$(°)	$\Delta\theta$ (rad)	T(nm)
25	-	-	-	-	-	-	-	-	-
70	Cu_2ZnSnS_4	(112)	28,63	14,32	0,249	0,9689	0,185	0,0032	447
100	Cu_2ZnSnS_4	(112)	28,49	14,24	0,248	0,9693	0,366	0,0064	223
125	Cu_2ZnSnS_4	(112)	28,42	14,21	0,248	0,9694	0,165	0,0034	476
150	Cu_2ZnSnS_4	(112)	28,62	14,31	0,249	0,9689	0,564	0,0098	145
175	Cu_2ZnSnS_4	(112)	28,69	14,34	0,25	0,9688	0,563	0,0098	146
200	Cu_2ZnSnS_4	(112)	28,64	14,32	0,249	0,9689	0,227	0,0039	366

Table III.3. . Détermination de la taille des cristallites « T » à différentes températures de substrats

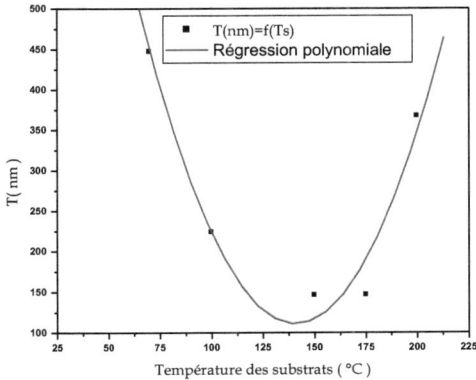

Figure III.17. Evolution de la taille des cristallites en fonction de la température des substrats

La figure *III.17* représente la variation de la taille des cristallites « T » en fonction de la température des substrats. Théoriquement, on devrait s'attendre à une croissance de la taille des cristallites suite à une augmentation de la température des substrats. Toutefois, d'après la figure sus-indiquée, on assiste à une évolution parabolique de T : une diminution des tailles des cristallites dans le domaine de température [75°C, 137°C] suivie d'une augmentation à partir de 137°C. Ceci ne peut s'expliquer que par la complexité de ce matériau quaternaire. Ainsi, une optimisation sur les paramètres de fabrication aboutissant à un matériau homogène, exempt de phases secondaires, pourrait conduire à une variation croissante de la taille des cristallites suite à une augmentation de la température des substrats.

III.2. Caractérisation optique

III.2.1. Méthode de détermination des constantes optiques

III.2.1.1. Généralités

Les constantes optiques sont déterminées en fonction de la nature des couches minces étudiées (absorbantes, transparentes) et de leur comportement dans l'intervalle de longueur d'ondes considéré.

Dans cette partie, nous allons décrire le traitement des spectres de transmission et de réflexion optiques. Il est alors possible de déduire de ces spectres l'indice de réfraction, l'épaisseur des films d, le coefficient d'absorption optique α(λ) ainsi que le gap optique Eg.

Les couches doivent avoir une grande homogénéité et des faces planes et parallèles.

Heavens [36] a proposé un modèle de calcul des paramètres optiques à partir des franges d'interférences obtenues sur les spectres expérimentaux de transmission $T_{exp}(\lambda)$ et de réflexion $R_{exp}(\lambda)$.

III.2.1.2. Développement de la méthode de calcul

Soit un faisceau lumineux, traversant sous incidence normale la surface d'une couche mince, d'indice de réfraction n_c et de coefficient d'extinction k_c, déposée sur un substrat, épais, transparent et de constantes optiques non nulles (n_s, k_s) ; l'ensemble étant baigné dans l'air (*Figure III.18*). Les formules générales de transmission de la couche mince $T(n_c, k_c)$ ainsi que celles de la réflexion $R(n_c, k_c)$ dépendent du domaine spectral à savoir celui où l'absorption de la couche mince est forte et celui de faible absorption.

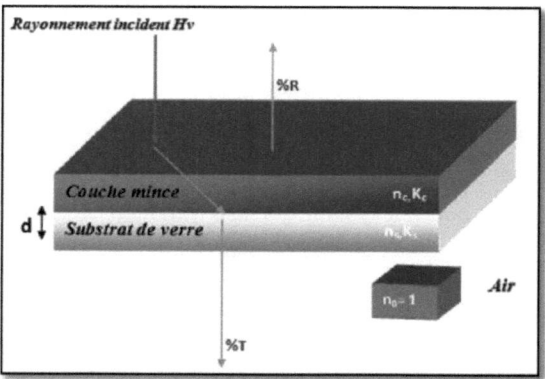

Figure III.18. Interaction Rayonnement- couche mince/Substrat

a. Zone spectrale de forte absorption

Dans la région de forte absorption, la réflexion à l'interface couche – substrat est négligeable ainsi le pouvoir réflecteur mesuré correspond-il à celui de la couche. Dans cette région, l'absorption devient de plus en plus grande, ce qui se traduit par un amortissement progressif des franges d'interférences et par une forte décroissance de la transmission. Les expressions de la transmission T(n$_c$,k$_c$), de la réflexion R(n$_c$,k$_c$) ainsi que celle de l'indice de réfraction sont de la forme :

$$T = \frac{16 n_s (n_c^2 + k_c^2) e^{-\alpha d}}{[(n_c+1)^2 + k_c^2][(n_c+n_s)^2 + k_c^2]} \quad (8) \qquad R = \frac{(n_c-1)^2 + k_c^2}{(n_c+1)^2 + k_c^2} \quad (9)$$

$$n_c = \frac{(1+R)}{(1-R)} + [(\frac{1+R}{1-R})^2 - (1 + k_c^2)]^{\frac{1}{2}} \quad (10)$$

Dans cette zone appelée également zone d'absorption fondamentale, le coefficient d'absorption, en absence d'oscillations, est donné par [37, 112] :

$$\alpha = \frac{1}{d} \times Ln\left(\frac{(1-R)^2}{T}\right) \quad (11)$$

La variation, en fonction de l'énergie photovoltaïque, du coefficient d'absorption optique, relatif aux semi-conducteurs cristallisés dans la zone d'absorption fondamentale, est décrite par la relation ci-dessous indiquée : [37, 112]

$$\alpha h\nu = A(h\nu - E_g^{opt})^q \quad (12)$$

Où : E_g^{opt} est le gap optique et A une constante.

La constante « q » dépend de la nature de la transition électronique à savoir :

q = 1/2   pour les transitions directes permises.
q = 3/2   pour les transitions directes interdites.
q = 2   pour les transitions indirectes permises.
q = 3   pour les transitions indirectes interdites.

b. Zone spectrale de faible absorption

Dans la gamme spectrale, dite de faible absorption, le spectre de transmission optique T(λ) d'une couche mince est marqué par des franges d'interférences. La réflexion, à l'interface couche-substrat, n'étant plus négligeable, l'expression de R dépendra de l'indice de réfraction du substrat (n$_s$) [38]. Dans le cas d'une incidence normale et à condition que l'indice de la couche *nc* soit supérieur à celui du substrat *ns*, l'expression de l'indice de réfraction nc d'une couche mince, faiblement absorbante sur un substrat transparent, est la suivante [39]:

$$n_c = [n_s \times \frac{(1+\sqrt{R_{max}})}{(1-\sqrt{R_{max}})}]^{1/2} \qquad (13)$$

R_{max} étant le taux de réflexion correspondant à un maximum et n_s l'indice de réfraction des substrats de verre ($n_s = 1,5$).

Dans cette zone, dite de transparence, l'exploitation des extrema des franges d'interférences nous permet aussi de calculer l'épaisseur de la couche mince dont l'expression est de la forme :

$$4 \times n_c \times d = p\,\lambda \qquad (14)$$

Avec :

p : l'ordre d'interférence des extrema.

Pour la réflexion, les maxima correspondent à des valeurs impaires de p alors que les minima correspondent à des valeurs paires, inversement pour la transmission.

Dans cette région spectrale, on suppose que l'indice n_c varie peu avec la longueur d'onde. C'est ainsi que pour deux extremums d'interférences successifs, on a :

$$4 \times n_c \times d = p\,\lambda_1 = (p+1)\lambda_2 \qquad (15)$$

Avec :

λ_1 et λ_2 les longueurs d'ondes correspondantes à deux extremums successifs.

Ainsi :

$$p = \frac{\lambda_2}{\lambda_1 - \lambda_2} \qquad (16)$$

Et par la suite :

$$d = \frac{p \times \lambda_1}{4 \times n_c} \qquad (17)$$

III.2.2. Spectres de Transmission et de réflexion

Les mesures de la transmission et de la réflexion optique effectuées à température ambiante sur nos échantillons ont été réalisées à l'aide d'un spectrophotomètre UV-

Visible - NIR de type Shimadzu UV-3100 S fonctionnant dans la gamme spectrale 220 nm (UV) - 3200 nm (NIR).

a. Couches élaborées sur des substrats non chauffés

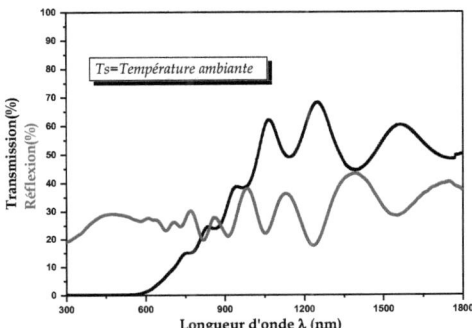

Figure III.19. Variation de la transmission et de la réflexion de la couche CZTS, élaborée sur des substrats non chauffés, en fonction de la longueur d'onde λ (nm)

b. Couches élaborées à une température de substrat Ts=70°C

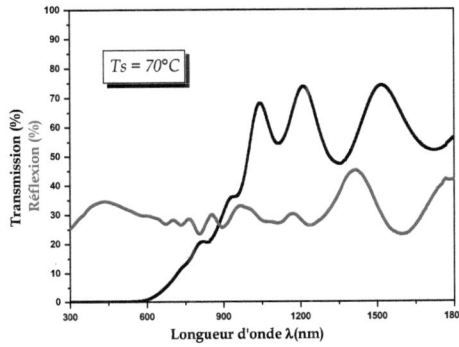

Figure III.20. Variation de la transmission et de la réflexion de la couche CZTS, élaborée sur des substrats chauffés à 70°C, en fonction de la longueur d'onde λ (nm)

c. Couches élaborées à une température de substrat Ts=100°C

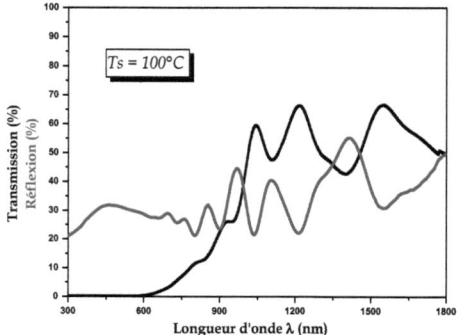

Figure III.21. Variation de la transmission et de la réflexion de la couche CZTS, élaborée sur des substrats chauffés à 100°C, en fonction de la longueur d'onde λ (nm)

d. Couches élaborées à une température de substrat Ts=125°C

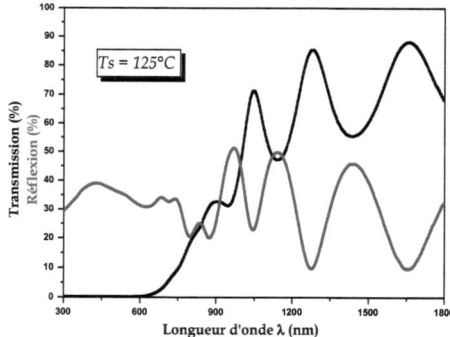

Figure III.22. Variation de la transmission et de la réflexion de la couche CZTS, élaborée sur des substrats chauffés à 125°C, en fonction de la longueur d'onde λ (nm)

e. Couches élaborées à une température de substrat Ts=150°C

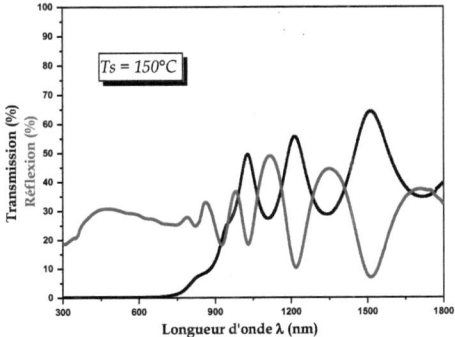

Figure III.23. Variation de la transmission et de la réflexion de la couche CZTS, élaborée sur des substrats chauffés à 150°C, en fonction de la longueur d'onde λ (nm)

f. Couches élaborées à une température de substrat Ts=175°C

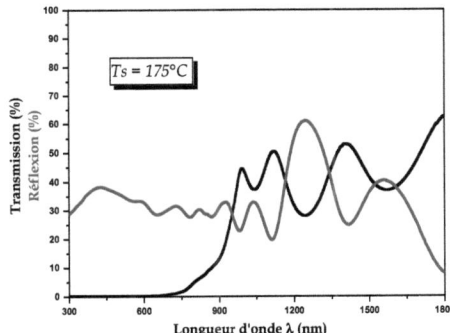

Figure III.24. Variation de la transmission et de la réflexion de la couche CZTS, élaborée sur des substrats chauffés à 175°C, en fonction de la longueur d'onde λ (nm)

g. Couches élaborées à une température de substrat Ts=200°C

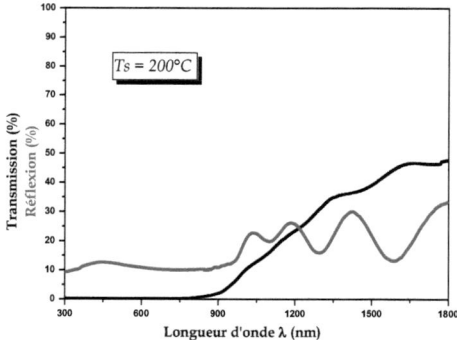

Figure III.25. Variation de la transmission et de la réflexion de la couche CZTS, élaborée sur des substrats chauffés à 200°C, en fonction de la longueur d'onde λ (nm)

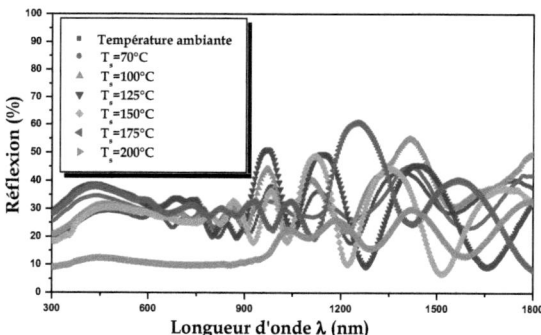

Figure III.26. Variation de la réflexion des couches minces de CZTS en fonction de la température des substrats

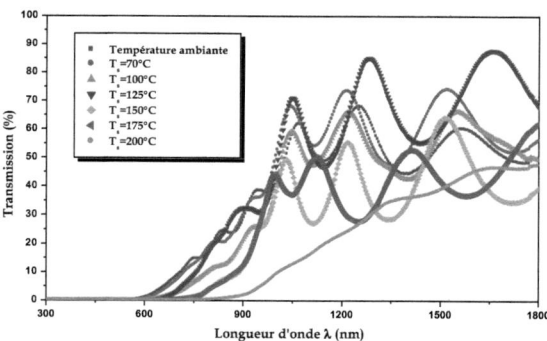

Figure III.27. Variation de la transmission des couches minces de CZTS en fonction de la température des substrats

Les figures (***III.19-III.25***) présentent les variations de la réflexion et de la transmission de la couche CZTS réalisée à diverses températures de substrats.

Des franges d'interférences apparaissent tant en transmission qu'en réflexion dans la zone du proche IR et du visible. La courbe de transmission décroit au niveau du seuil d'absorption mais la décroissance n'est pas très abrupte.

Les courbes de réflexion présentent également une montée au niveau du seuil d'absorption. Les figures ***III.26 et III.27*** exposent l'effet du chauffage des substrats sur les spectres de transmission et de réflexion de la couche CZTS. En effet, pour des températures de 25°C, 70°C, 100°C et 125°C, l'augmentation de la température augmente le taux de transmission ainsi que celui de la réflexion et déplace le seuil d'absorption vers les longueurs d'onde les plus élevées.

Pour des températures supérieures à 125°C, le taux de transmission tend à diminuer tandis que le seuil d'absorption poursuit son déplacement vers les longueurs d'onde les plus élevées. La figure ***III.25*** relative à une température de 200°C, ne présente pratiquement pas d'interférences. L'absence de franges est probablement due à l'inhomogénéité ainsi que la rugosité de surface de la couche.

III.2.3. Détermination de l'indice de réfraction

L'indice de réfraction n_c, d'une couche mince, faiblement absorbante, déposée sur un substrat transparent, est évalué à l'aide de l'expression suivante [113] :

$$n_c = [n_s \times \frac{(1 + \sqrt{R_{max}})}{(1 - \sqrt{R_{max}})}]^{1/2} \quad (18)$$

Avec :

n_s : Indice de réfraction du substrat de verre égal à 1,5.

R_{max} : Taux de réflexion correspondant à un maximum.

En effet, on s'est basé sur les spectres de réflexion, relatifs à chaque température, afin de déterminer les indices de réfraction des couches minces du matériau étudié (voir ***figure III.26***).

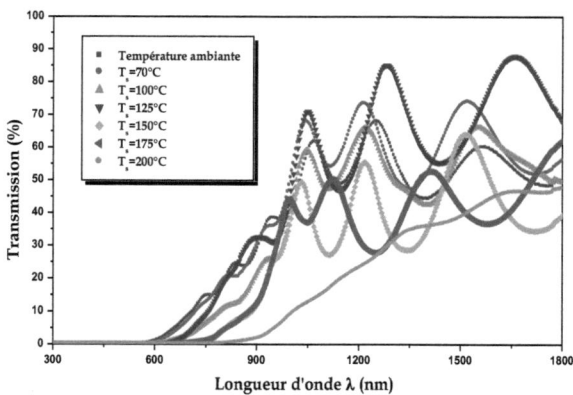

Figure III.28. Variation de la réflexion des couches minces de CZTS, élaborées à différentes températures de substrats, en fonction de la longueur d'onde λ (nm)

Les résultats de calcul des indices relatifs à chaque température sont rassemblés dans le tableau ***III.4*** suivant :

Température des substrats (°C)	Rmax,1	Rmax,2	Rmax,3	Rmoy	Nc,moy
25	0,440	0,368	0,383	0,397	2,58
70	0,422	0,456	-	0,440	2,72
100	0,560	0,414	0,452	0,475	2,85
125	0,466	0,501	0,516	0,500	2,95
150	0,380	0,450	0,490	0,440	2,72
175	0,413	0,620	0,336	0,457	2,78
200	0,304	0,266	-	0,285	2,22

Table III.4. Calcul de l'indice de réfraction de la couche CZTS à différentes températures de substrats

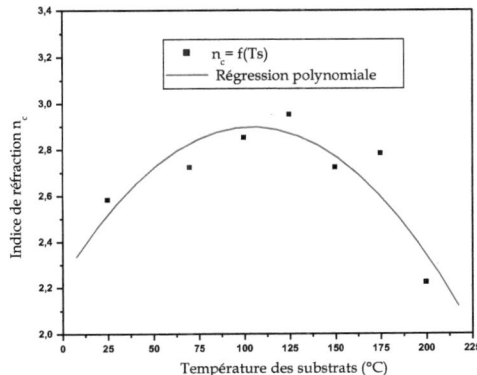

Figure III.29. Evolution de l'indice de réfraction de la couche CZTS en fonction de la température des substrats

La figure III.29 sus-indiquée illustre la variation de n_c en fonction de la température des substrats. En effet, l'indice de réfraction adopte une évolution parabolique : une augmentation suivie d'une diminution de ce dernier. La valeur maximale obtenue est de 2,95 pour une température de substrat égale à 125 °C. Le matériau passe alors d'un état moins dense, pour des températures inférieures à 125°C, à un état plus dense à 125 °C et encore une fois à un état moins dense pour les hautes températures. Ces perturbations des propriétés optiques seraient probablement dues à la complexité du matériau.

III.2.4. Détermination de l'épaisseur

Les épaisseurs « d » des couches minces de CZTS, élaborées à maintes températures de substrats, ont été calculées à partir de l'expression (17) précédemment citée :

$$d = \frac{p\,\lambda}{4 \times n_c} \qquad (19)$$

Le tableau *III.5* récapitule les valeurs de « d » relatives aux différentes couches élaborées à diverses températures de substrat.

Température des substrats (°C)	d (nm)
25°C	690,18
70°C	618,91
100°C	558,92
125°C	458,18
150°C	589,06
175°C	609,36
200°C	757,75

Table III.5. Epaisseurs des films CZTS élaborés à différentes températures de substrats

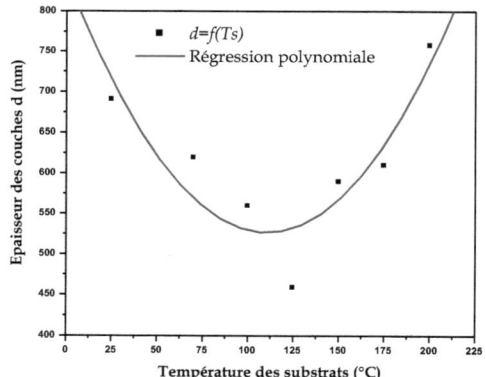

Figure III.30.. Variation de l'épaisseur de la couche CZTS en fonction de la température des substrats

Comme illustré sur la figure *III.30*, l'épaisseur des couches élaborées à différentes températures suit une évolution inverse de celle de l'indice de réfraction n_c, ce qui confirme la relation de proportionnalité inverse entre ces deux paramètres (équation (17)). C'est ainsi que les couches de plus faibles épaisseurs présentent l'état le plus dense.

III.2.5. Détermination des coefficients d'absorption optique

Afin de déterminer le coefficient d'absorption α, on s'est référé à la relation:

$$\alpha = \frac{1}{d} \times Ln\left(\frac{(1-R)^2}{T}\right) \qquad (20)$$

La figure *III.31* illustre les courbes α = f (hυ) pour différentes températures de substrats des couches minces CZTS déposées par évaporation thermique sous vide.

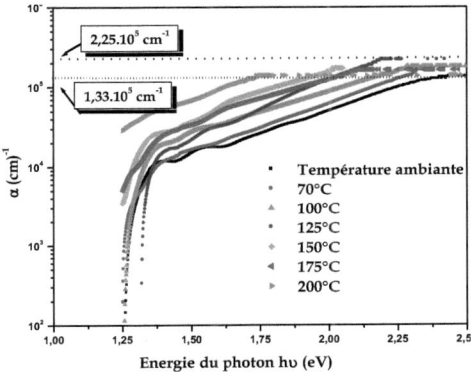

Figure III.31. Variation du coefficient d'absorption optique « α » en fonction de l'énergie hυ (eV)

Dans la zone de forte absorption [1,75eV-2,5eV], le coefficient d'absorption admet des valeurs comprises entre $1,33.10^5$ cm^{-1} et $2,25.10^5$cm^{-1}. Les valeurs de α relatives à chaque température de substrat sont rassemblées dans le tableau **III.6** suivant :

Température des substrats (°C)	Coefficient d'absorption α (10^5cm^{-1})
25	1,46
70	1,76
100	1,93
125	2,32
150	1,93
175	1,76
200	1,52

Table III.6. Coefficient d'absorption « α » pour différentes températures de substrats

Toutes les couches minces de CZTS, pour différentes températures de substrats, présentent un coefficient d'absorption α supérieur à 10^4 cm^{-1} ; ce qui a été rapporté par Ito & Nakazawa et plusieurs autres auteurs [20, 23, 40, 41]

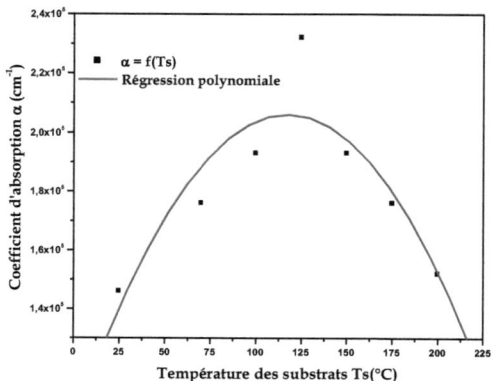

Figure III.32.Variation du coefficient d'absorption optique « α » en fonction de la température des substrats

Il est clair ici que la couche élaborée à 125°C présente le coefficient d'absorption le plus élevé ainsi que la plus faible épaisseur et par suite le plus grand indice de réfraction. C'est ainsi qu'une couche de faible épaisseur et d'indice de réfraction élevé, présente des propriétés optiques intéressantes. La température 125 °C paraît donc être la température optimale pour des meilleures propriétés du matériau en couches minces.

III.2.6. Détermination du gap optique

Une autre caractéristique importante d'un semi-conducteur est la valeur énergétique de sa bande interdite (E_g). En connaissant cette valeur, il est possible de déterminer quelle partie du spectre solaire pourrait théoriquement être convertie en électricité. Comme mentionné dans le deuxième chapitre, la spectroscopie UV-Vis-NIR est utilisée pour évaluer E_g.

Dans le domaine de forte absorption ($\alpha > 10^4$ cm^{-1}), la relation reliant le coefficient d'absorption α à l'énergie des photons hν est :

$$(\alpha h\nu)^2 = A\left(h\nu - E_g^{opt}\right) \qquad (21)$$

La représentation graphique de $(\alpha h\nu)^2$ en fonction de l'énergie admet une partie linéaire, dont l'intersection avec l'axe des énergies donne le gap optique Eg.

L'évolution de $(ahv)^2$ en fonction de (hv) seront représentées sur les figures suivantes :

a. CZTS élaborée sur des substrats non chauffés

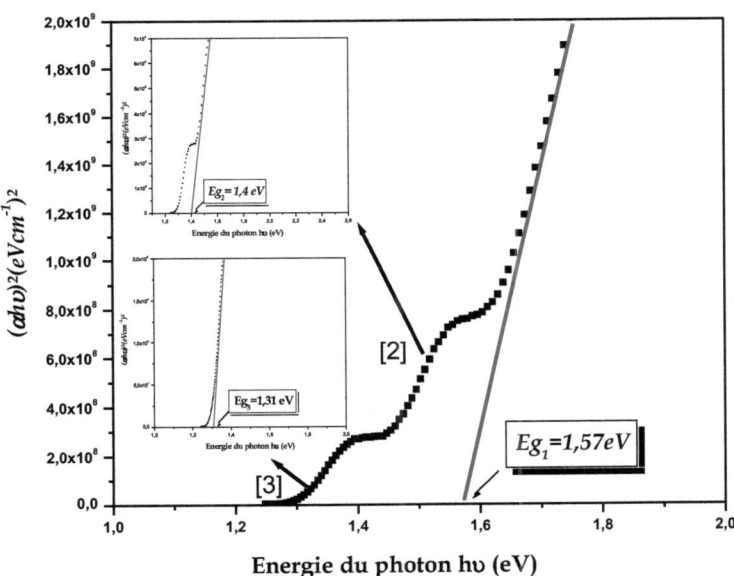

Figure III.33. Transitions directes permises des couches minces de CZTS élaborées à température ambiante

b. CZTS élaborée sur des substrats chauffés à 70°C

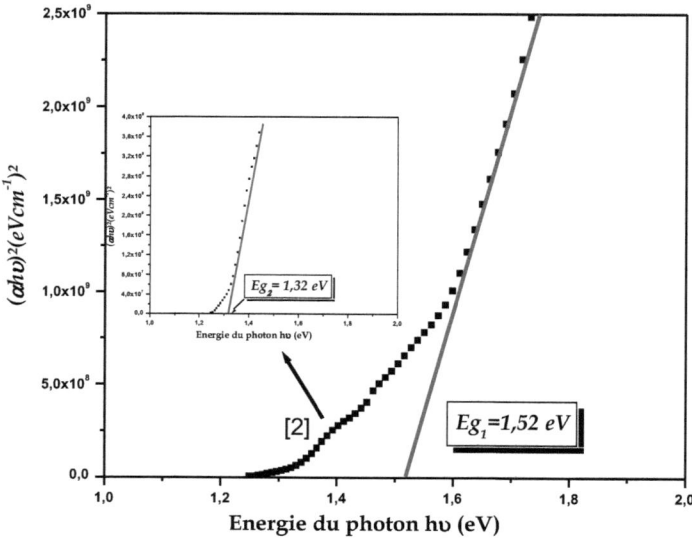

Figure III.34. Transitions directes permises des couches minces de CZTS élaborées à 70°C

c. CZTS élaborée sur des substrats chauffés à 100°C

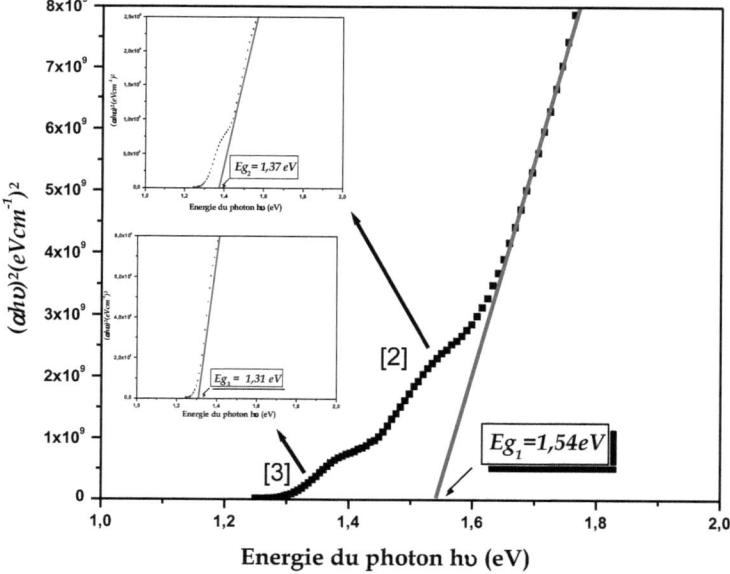

Figure III.35. Transitions directes permises des couches minces de CZTS élaborées à 100°C

d. CZTS élaborée sur des substrats chauffés à 125°C

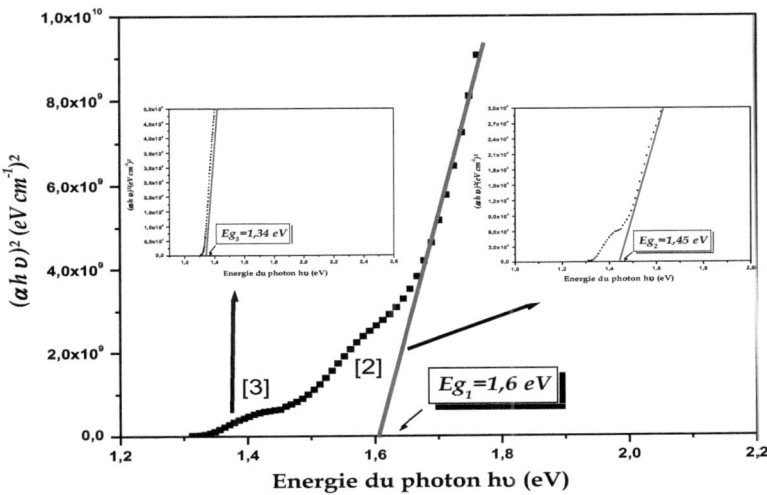

Figure III.36. Transitions directes permises des couches minces de CZTS élaborées à 125°C

e. CZTS élaborée sur des substrats chauffés à 150°C

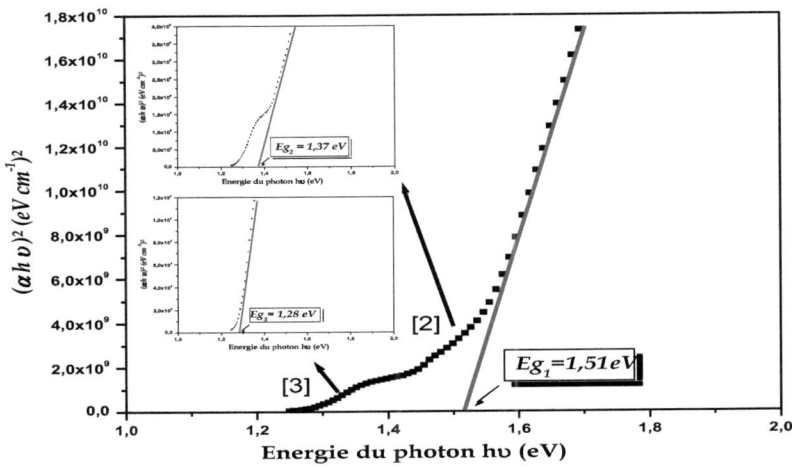

Figure III.37. Transitions directes permises des couches minces de CZTS élaborées à 150°C

f. CZTS élaborée sur des substrats chauffés à 175°C

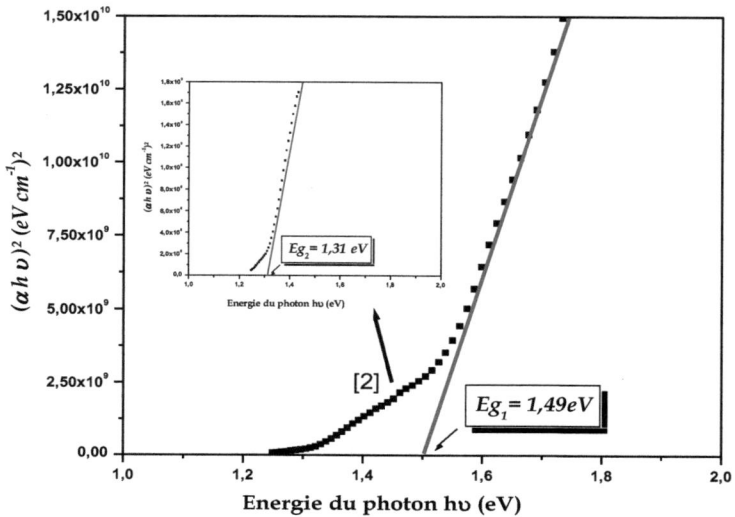

Figure III.38. Transitions directes permises des couches minces de CZTS élaborées à 175°C

g. CZTS élaborée sur des substrats chauffés à 200°C

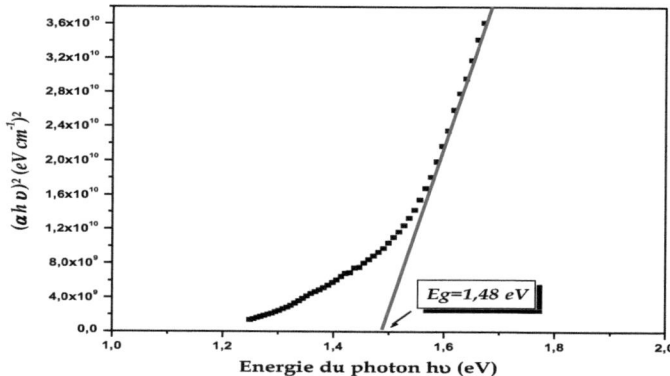

Figure III.39. Transitions directes permises des couches minces de CZTS élaborées à 200°C

Comme illustré sur ces figures, les transitions optiques sont directes. Ce type de transition se produit lorsque l'électron passe directement du niveau énergétique maximal de la bande de valence au niveau minimal de la bande de conduction. La déviation de la relation linéaire aux faibles valeurs d'énergie peut être due à la présence d'impuretés dans le film ou encore à des défauts de structure situés à l'intérieur de la bande interdite. Les valeurs de la bande interdite Eg (eV) sont déduites par extrapolation à $(ah\nu)^2 = 0$ des droites tracées sur chaque courbe. Les résultats sont présentés au tableau *III.7*:

Température des substrats Ts(°C)	*Eg,1(eV)*	*Eg,2(eV)*	*Eg,3(eV)*
25	1,57	1,4	1,31
70	1,52	-	1,32
100	1,54	1,37	1,31
125	1,60	1,45	1,34
150	1,51	1,37	1,28
175	1,49	-	1,31
200	1,48	-	-

Table III.7. Variation de gap optique en fonction de la température des substrats

La bande interdite **Eg₁** relative au matériau Cu₂ZnSnS₄ varie de **1,48 eV** à **1,60 eV**. Les valeurs ainsi trouvées sont en bonne concordance avec les valeurs publiées dans la bibliographie [**6, 8, 10, 12, 15, 20, 21, 23, 25**]. Le gap optique **Eg₃** semble correspondre à la phase secondaire SnS dont la valeur de la bande interdite est de 1,3eV [**108**].

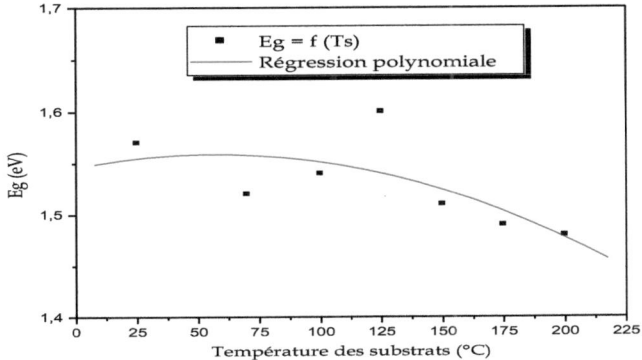

Figure III.40. Variation du gap optique « Eg », relatif à la phase Cu₂ZnSnS₄, en fonction de la température des substrats

La bande interdite du matériau CZTS, notée Eg_1, décroit avec l'augmentation de la température des substrats passant de 1,57eV, pour des températures basses, à 1,48eV pour des températures élevées. **Ceci** prouve que l'élévation de la température améliore la qualité des couches minces et permet d'avoir des gaps pour lesquels le rendement des cellules solaires est optimal.

III.3. Caractérisation morphologique

III.3.1. Calcul de la rugosité des couches

La manière dont une surface réfléchit la lumière dépend notamme[22]nt de ses caractéristiques microscopiques. Ainsi, une surface lisse va-t-elle réfléchir la lumière dans une direction bien déterminée grâce aux lois de Snell - Descartes, tandis qu'une surface rugueuse va la disperser dans plusieurs directions [30].

On distingue alors deux types de réflexion :

❖ La réflexion spéculaire (Rs)

La réflexion est dite spéculaire lorsque le rayonnement incident donne naissance à un rayonnement réfléchi unique. Ce type de réflexion est régi par les lois de Descartes, il se produit uniquement sur des surfaces lisses [31].

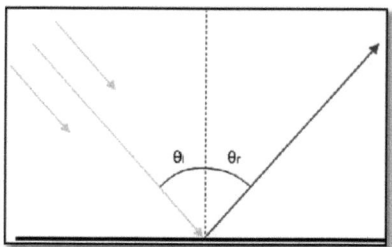

Figure III.41. Schéma de la réflexion spéculaire [31]

- La réflexion diffuse (Rd)

La réflexion est dite diffuse lorsque les surfaces sont rugueuses et présentent des aspérités dont la taille est supérieure à la longueur d'onde du rayonnement incident. Le rayonnement est réfléchi dans toutes les directions à cause des hétérogénéités du milieu, avec généralement une direction privilégiée pour laquelle la réflexion est plus importante [31].

Figure III.42.Schéma de la réflexion diffuse [32]

La caractérisation de l'état de surface, à partir des mesures de diffusion, nécessite des modèles théoriques adéquats. On distingue essentiellement les modèles scalaires, en général basés sur les lois de l'optique géométrique et les modèles vectoriels issus de l'électromagnétisme [33].

Le modèle scalaire, sera adopté au-cours de cette étude, reliant la rugosité σ d'une surface donnée à la réflexion spéculaire correspondante selon l'expression ci-dessous indiquée [34] :

$$\frac{R_s}{R_t} = \exp[-(\frac{4\pi\sigma}{\lambda})^2] + [1 - \exp[-(\frac{4\pi\sigma}{\lambda})^2]] \times [1 - \exp[-(\frac{\beta\pi\sigma}{u\lambda})^2]] \quad (22)$$

Où :

R_s : La réflexion spéculaire d'une surface en l'absence de rugosité.

R_t : La réflexion totale d'une surface donnée (Rt = Rs+Rd).

σ : La hauteur moyenne des rugosités les plus élevées.

u : La hauteur moyenne des rugosités les plus faibles.

λ : La longueur d'onde de la radiation incidente.

β : La moitié de l'angle d'acceptation de l'instrument de mesure.

Il est à noter que cette formule scalaire est valable uniquement pour des rugosités douces et pour des hauteurs quadratiques moyennes des rugosités σ faibles vis-à-vis de la longueur d'onde λ ($\frac{\sigma}{\lambda} \ll 1$) [35]. Le premier terme de l'équation (22) décrit la partie cohérente de la réflexion tandis que le second terme représente la partie incohérente introduite par l'instrument de mesure.

Dans le cas où le second terme est négligeable, la nouvelle expression de l'équation (22) est de la forme suivante [114] :

$$Ln\left(\frac{R_s}{R_t}\right) = -\frac{(4\pi\sigma)^2}{\lambda^2} + C \qquad (23)$$

Où C : Une constante provenant des fluctuations spatiales des constantes optiques.

Le rapport $\frac{R_t}{R_s}$ est également connu sous le nom de T.I.S « Total integrated Scattering ». On voit donc qu'une simple mesure de la diffusion totale Rt (avec des appareillages de type sphère intégrante) jointe au calcul du coefficient de réflexion idéal Rs, donne accès à la rugosité. Toutefois, cette rugosité est une grandeur intégrée qui donne peu d'informations sur l'état de surface (longueur d'autocorrélation, anisotropie, pseudo-périodicités). De plus, il est préférable de l'écrire sous la forme σ (λ) pour rappeler qu'elle dépend de la longueur d'onde [33].

Ainsi, les rugosités de surface des couches sont-elles déduites de la pente de la courbe $Ln\left(\frac{R_s}{R_t}\right)$ = f (1/λ²).

Les valeurs des rugosités des différentes couches de Cu$_2$ZnSnS$_4$, élaborées à diverses températures, sont données dans le tableau **III.8** ci-après:

Température de substrats (°C)	Rugosité σ (nm)
25	7,11
70	15,46
100	14,83
125	6,94
150	14,63
175	8,73
200	77,48

Table III.8. Détermination de la rugosité « σ » à différentes températures de substrat

La *figure III.43* illustre la variation de la rugosité des couches « σ » en fonction de la température des substrats.

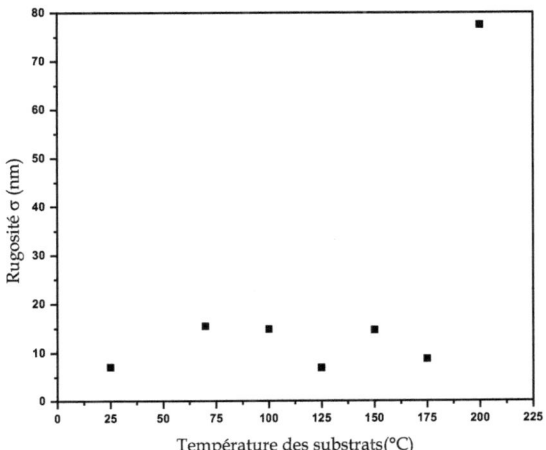

Figure III.43. Evolution de la rugosité des couches « σ » en fonction de la température des substrats

Nous notons des rugosités situées entre 7 nm et 15 nm pour l'ensemble des températures de substrats. Cependant, une singularité est notée pour la température du substrat 200°C traduisant une grande dégradation de la texture de la surface des couches.

III.4. Caractérisation électrique

III.4.1. Détermination du type de conductivité des couches

Le type de conductivité des couches de Cu_2ZnSnS_4 a été évalué par la méthode de la pointe chaude. Ainsi, toutes les couches minces avec leurs différentes températures de substrats exhibent une conductivité de type P, ce qui est conforme à la littérature [4, 6, 10].

Température des substrats (°C)	Type de conductivité
Température ambiante	P
70	P
100	P
125	P
150	P
175	P
200	P

Table III.9. Type de conductivité des couches minces de CZTS élaborées à différentes températures de substrats

Conclusions & perspectives

❖ *Conclusions*

Le présent travail nous a permis de :

- Synthétiser le matériau quaternaire Cu_2ZnSnS_4 via la méthode de Bridgman horizontale.
- Elaborer les couches minces à base de ce matériau par la technique d'évaporation thermique sous vide.
- Réaliser la caractérisation structurale, optique et électrique desdites couches respectivement par la technique spectroscopique de diffraction des rayons X, la spectrophotométrie UV-Vis ainsi que la technique de la pointe chaude.

La caractérisation structurale a porté sur la détermination, à partir des spectres de rayons X, des phases cristallines présentes dans les couches minces de Cu_2ZnSnS_4, élaborées à diverses températures de substrats. Pour des températures de substrats inférieures à 100°C, les couches présentent un caractère globalement amorphe, tandis qu'à des températures supérieures à 100°C, le matériau commence à cristalliser avec formation simultanée de la phase secondaire SnS.

Toujours, dans le cadre de la caractérisation structurale, nous avons déterminé les paramètres de maille de la structure kesterite, dans laquelle cristallise le quaternaire Cu_2ZnSnS_4, en adoptant deux méthodes à savoir la méthode cristallographique classique et la méthode d'extrapolation de Nelson-Riley. La première méthode nous a fourni comme paramètres : a= 5,412Å et c=10,848 Å.

En appliquant la seconde méthode, les valeurs de a et c obtenues sont respectivement égales à 5,407 Å et 10,815 Å. Les paramètres de maille calculés montrent un excellent accord avec ceux des fichiers standards JCPDS N°34-1246 et les résultats publiés dans la littérature.

La caractérisation structurale a aussi concerné la taille des grains et son évolution en fonction de la température des substrats. En effet, la taille des grains suit une évolution parabolique : une diminution des tailles dans le domaine de température [75°C, 137°C] suivie d'une augmentation pour des températures supérieures à 137°C. Théoriquement, on devrait s'attendre à une croissance de la taille des grains suite à une augmentation de la température mais cette évolution parabolique ne peut s'expliquer que par la complexité du matériau quaternaire CZTS.

La caractérisation optique a porté sur la mesure des spectres de transmission et de réflexion optiques ainsi que la détermination des constantes optiques à savoir l'indice de réfraction, l'épaisseur de la couche, le coefficient d'absorption optique ainsi que la bande interdite Eg.

Nous avons également étudié l'effet de la température des substrats sur les paramètres précédemment cités.

En effet, l'indice de réfraction adopte une variation parabolique admettant comme valeur maximale 2,95 pour une température de 125°C. C'est ainsi que le matériau passe d'un état moins dense, pour des températures inférieures à 125°C, à un état plus dense à 125°C puis adopte de nouveau un état moins dense pour des températures supérieures à 125°C.

En ce qui concerne l'épaisseur des couches, elle varie dans le sens inverse de celui de l'indice de réfraction. C'est ainsi que les couches de plus faibles épaisseurs présentent l'état le plus dense. Le coefficient d'absorption optique admet des valeurs comprises entre $1,33.10^5$ cm^{-1} et $2,25.10^5$cm^{-1}, dans la zone de forte absorption. Il admet une variation similaire à celle de l'indice de réfraction, ayant une valeur maximale pour une température de substrat égale à 125°C. C'est ainsi qu'une couche de faible épaisseur et d'indice de réfraction élevé, présente des propriétés optiques intéressantes. La température 125°C paraît donc être la température optimale pour meilleures propriétés du matériau en couches minces.

Quant à l'énergie de bande interdite, on note la présence de plus d'un gap : un gap relatif au matériau CZTS variant de 1,48eV à 1,60 eV et un autre relatif à la phase secondaire SnS variant de 1,28eV à 1,32eV.

Il est à noter aussi que la bande interdite relative au matériau quaternaire CZTS diminue suite à l'augmentation de la température des substrats, ce qui prouve que l'élévation de la température améliore la qualité des couches minces et permet d'avoir des gaps pour lesquels le rendement des cellules solaires est optimal.

La caractérisation morphologique a porté sur la détermination de la rugosité des couches minces de CZTS et son évolution en fonction de la température des substrats. En effet, elle varie de 7nm à 15nm pour l'ensemble des températures. Toutefois, une singularité est notée pour une température de 200°C traduisant une grande dégradation de la texture de la surface des couches.

La caractérisation électrique a porté sur la détermination du type de conductivité des couches en adoptant la méthode de la pointe chaude. Toutes les couches, à la différence de leurs températures de substrats, exhibent une conductivité de type P.

❖ *Perspectives*

Ce travail reste cependant incomplet et peut être amélioré en effectuant une sulfuration des couches minces, suite à leur élaboration par évaporation thermique sous vide. Ceci pourrait être complété par un recuit, soit à l'air libre, soit sous vide, en vue d'améliorer les propriétés des couches. Une caractérisation morphologique et une microanalyse par la technique MEB (Microscopie électronique à balayage) couplée à un détecteur EDS seraient utiles pour une meilleure compréhension des propriétés intrinsèques du matériau quaternaire CZTS.

Bibliographie

[1] R.Nitsche, D.F.Sargent, P.Wild, "Crystal growth of quaternary $1_2 2 4 6_4$ chalcogenides by iodine vapor transport", J.Cryst.Growth, vol.1, no.1, p. 52-53, **1967**.

[2] W. Schäfer and R. Nitsche, "Tetrahedral Quaternary Chalcogenides Of The Type Cu_2-II-IV-$S_4(Se_4)$", Mat. Res. Bull., vol. 9, p. 645-654, **1974**.

[3] L. Guen, W.S. Glaunsinger, A. Wold, "Physical Properties Of The Quaternary Chalcogenides $Cu_2^I B^{II} C^{IV} X_4$ (B^{II} = Zn, Mn, Fe, Co ; C^{IV} = Si, Ge, Sn ; X=S, Se)", Mat. Res. Bull., vol. 14, p. 463-467, **1979**.

[4] H. Matsushita, T. Maeda, A. Katsui, T. Takizawa, "Thermal analysis and synthesis from the melts of Cu-based quaternary compounds Cu-III-IV-VI_4 and Cu_2-II-IV-VI_4 (II=Zn, Cd; III=Ga, In; IV=Ge, Sn; VI=Se)", J. Cryst. Growth, vol. 208, p. 416-422, **2000**.

[5] http://aasaa.free.fr/Methodes/Dx/DiffractionX.htm.

[6] T. Tanaka, T. Nagatomo, D. Kawasaki, M. Nishio, Q. Guo, A. Wakahara, A. Yoshida, H. Ogawa, "Preparation of Cu_2ZnSnS_4 thin films by hybrid sputtering", Journal of Physics and Chemistry of Solids, vol. 66, no. 11, p. 1978-1981, **2005**.

[7] Mounir KANZARI, Thèse de Doctorat, FST, **1992**.

[8] N. Kamoun, H. Bouzouita, B. Rezig, "Fabrication and characterization of Cu_2ZnSnS_4 thin films deposited by spray pyrolysis technique", Thin Solid Films, vol. 515, p. 5949-5952, **2007**.

[9] K. Oishi, G. Saito, K. Ebina, M. Nagahashi, K. Jimbo, W.S. Maw, H. Katagiri,M. Yamazaki, H. Araki, A. Takeuchi, "Growth of Cu_2ZnSnS_4 thin films on Si (100) substrates by multisource evaporation", **Thin Solid Films**, vol. 517, p. 1449-1452, **2008**.

[10] J. J. Scragg, P. J. Dale, L. M. Peter, G. Zoppi, I. Forbes, "New routes to sustainable photovoltaics : Evaluation of Cu_2ZnSnS_4 as an alternative absorber material", Physica Status Solidi (b), vol. 245, no. 9, p. 1772-1778, **2008**.

[11] Q. Guo, H.W. Hillhouse and R. Agrawal, "Synthesis of Cu_2ZnSnS_4 Nanocrystal Ink and Its Use for Solar Cells", J. AM. CHEM. SOC, vol. 131, no.33, p. 11672-11673, **2009**.

[12] J. J. Scragg, P. J. Dale, and L.M. Peter, "Synthesis and characterization of Cu_2ZnSnS_4 absorber layers by an electrodeposition annealing route", Thin Solid Films, vol. 517, no. 7, p. 2481–2484, **2009**.

[13] A. Ennaoui, M. Lux-Steiner, A. Weber et al., "Cu_2ZnSnS_4 thin film solar cells from electroplated precursors: novel low-cost perspective", Thin Solid Films, vol. 517, no. 7, p. 2511–2514, **2009**.

[14] Rachel Hoffman, " Materials for CZTS Photovoltaic Devices", Journal of Materials, p.82-83, **2009**.

[15] J. Zhang and L. Shao, "Cu_2ZnSnS_4 thin films prepared by sulfurizing different multilayer metal precursors", Sci. China. Ser. E- Tech. Sci, vol.52, no.1, p. 269-272, **2009**.

[16] P.Caussin, J. Nusinovici et D.W. Beard, "Advances in X-Ray Analysis", vol. 31, p.423-430, **1988**.

[17] A. Walsh, S. Chen, X. G. Gong and Su-Huai Wei, "Crystal structure and defect reactions in the kesterite solar cell absorber Cu_2ZnSnS_4 (CZTS): Theoretical insights", Solar Cells, vol.4, p. 4-5, **2010**.

[18] C. Chory, F. Zutz, F. Witt, H. Borchert, J. Parisi, "Synthesis and characterization of Cu_2ZnSnS_4", Physica Status Solidi (c), vol.7, no. 6, p. 1486-1488, **2010**.

[19] T. Tanaka, D. Kawasaki, M. Nishio, Q. Guo, and H. Ogawa, "Fabrication of Cu_2ZnSnS_4 thin films by co-evaporation", Physica Status Solidi C, vol. 3, no. 8, p. 2844–2847, **2006**.

[20] J.P. Leitño, N.M. Santos, P.A. Fernandes, P.M.P. Salomé et al., "Study of optical and structural properties of Cu_2ZnSnS_4 thin films", Thin Solid Films, vol. 519, no. 21, p. 7390-7393, **2011**.

[21] M. Cao, Y. Shen, "A mild solvothermal route to kesterite quaternary Cu_2ZnSnS_4 nanoparticles", Journal of Crystal Growth, vol. 318, no. 1, p. 1117-1120, **2011**.

[22] H. Yoo and J. Kim, "Comparative study of Cu_2ZnSnS_4 film growth", Solar Energy Materials and Solar Cells, vol. 95, no. 1, p. 239-244, **2011**.

[23] J.S. Seol, S.Y. Lee, J.C. Lee, H.D. Nam and K.H. Kim, "Electrical and optical properties of Cu_2ZnSnS_4 thin films prepared by rf magnetron sputtering process", Solar Energy Materials and Solar Cells, vol. 75, no.1-2, p. 155-162, **2003**.

[24] C. Steinhagen, M. G. Panthani, V. Akhavan, B. Goodfellow, B. Koo and B. A. Korgel, "Synthesis of Cu_2ZnSnS_4 nanocrystals for use in Low-Cost Photovoltaics", J. Am. Chem. Soc., vol. 131, no.35, p. 12554-12555, **2009**.

[25] S. M. Pawar, A. V. Moholkar, I. K. Kim, S. W. Shin, J. H. Moon, J. I. Rhee and J. H. Kim, "Effect of laser incident energy on the structural, morphological and optical properties of Cu_2ZnSnS_4 (CZTS) thin films", Current Applied Physics, vol. 10, no.2, p. 565-569, **2010**.

[26] http://www.lachimie.fr/analytique/uv/spectrometre-UV.php

[27] N. B. M. Amiri **and** A. Postnikov, " Electronic structure and lattice dynamics in kesterite-type $Cu_2ZnSnSe_4$ from first-principles calculations", Phys. Rev. B, vol. 82, no.20, p. 205204**(1)**-205204**(8)**, **2010**.

[28] S. Chen, X. G. Gong, A. Walsh **and** S. H. Wei, " Electronic structure and stability of quaternary chalcogenide semiconductors derived from cation cross-substitution of II-VI and I-III-VI$_2$ compounds", Phys. Rev. B, vol. 79, no.16, p. 165211**(1)-165211(10)**, **2009**.

[29] www.emse.fr/spip/IMG/pdf/uv-vis2.pdf

[30] http://domurado.pagesperso-orange.fr/Memoire/#reflspec

[31] http://e-cours.univ-paris1.fr/modules/uved/envcal/html/rayonnement/2-rayonnement-matiere/2-3-reflexion.html

[32] www.eurolabo.fr

[33] C.Amra, "Introduction à l'étude de la diffusion de la lumière par les rugosités des surfaces optiques", Ecole d'Eté Systèmes optiques, Laboratoire d'Optique des Surfaces et des Couches Minces, U.R-A. 1120, Ecole Nationale Supérieure de Physique de Marseille, p.485-498.

[34] D. Sridevi, K.V. Reddy, " Electrical conductivity and optical absorption in flash-evaporated CuInTe$_2$ thin films", Thin Solid Films, vol. 141, no. 2, p. 157-164, **1986**.

[35] F.Abelès, "Surfaces Sélectives. Rugosité. Propriétés optiques des surfaces rugueuses", J. Phys. Colloques C1, tome 42, p. C1-33-C1-42, **1981**.

[36] O.S.Heavens, «Optical Properties of Thin Solid Films», Butterworths, London, **1955**.

[37] T.S.Moss. Optical Properties of Semiconductors. Butterworths, London, **1959**.

[38] J.E.Hall and W.F.Ferguson, J.Opt.Soc.Amer., vol. 45, p. 714, **1955**.

[39] S.K.Balh et al., J.App.Phys, vol.140, p. 12, **1996**.

[40] K.Ito and T.Nakazawa, "Electrical and optical properties of stannite-type quaternary semiconductor thin films", Jpn. J. Appl. Phys., Part1, vol 27, p. 2094-2097, **1988**.

[41] H.Katagiri, N.Ishigaki, T.Ishida and K.Saito, "Characterization of Cu$_2$ZnSnS$_4$ Thin Films Prepared by Vapor Phase Sulfurization", Jpn.J.Appl.Phys., Part1, vol 40, p. 500-504, **2001**.

[42] H.Katagiri, "Cu$_2$ZnSnS$_4$ thin film solar cells", Thin Solid Films, vol. 480-481, p. 426-432, **2005**.

[43] H.Hahn, H.Schulze, Naturwissenschaften, vol.52, no.14, p. 426, **1965**.

[44] **D. K. Schroder**, "Semiconductor material and device characterization", 3rd edition IEEE press and Wiley-Interscience, hotprobe1, 2006.

[45] http://deuns.chez.com/sciences/drx/drx2.html

[46] P.A. Fernandes, P.M.P. Salomé, A.F. da Cunha, " Growth and Raman scattering characterization of Cu$_2$ZnSnS$_4$ thin films", Thin Solid Films, vol. 517, no.7, p. 2519-2523, **2009**.

[47] K. Maeda, K. Tanaka, Y. Fukui and H. Uchiki, "Dependence on Annealing Temperature of Properties of Cu$_2$ZnSnS$_4$ Thin Films Prepared by Sol-Gel Sulfurization Method", Jpn.J.Appl.Phys., Part1, vol 50, p. 01BE10, **2011**.

[48] http://pagesperso-orange.fr/olivier.albenge/page_site/Site_mat/cm/cm_pvd_2.htm

[49] N. Nakayama and K. Ito, "Sprayed films of stannite Cu$_2$ZnSnS$_4$", Applied Surface Science, vol. 92, p. 171-175, **1996**.

[50] S. Schorr, " The crystal structure of kesterite type compounds: A neutron and X-ray diffraction study ", Solar Energy Materials and Solar Cells, vol. 95, no. 6, p. 1482-1488, **2011**.

[51] K. Jimbo, R. Kimura, T. Kamimura, S. Yamada, W. S. Maw, H. Araki, K. Oishi, and H. Katagiri, "Cu$_2$ZnSnS$_4$-type thin film solar cells using abundant materials", Thin Solid Films, vol. 515, no. 15, p. 5997-5999, **2007**.

[52] H. Wang, " Progress in Thin Film Solar Cells Based on Cu$_2$ZnSnS$_4$", International Journal of Photoenergy, vol. 2011, Article ID 801292, **2011**.

[53] K. Wang, O. Gunawan, T. Todorov et al. "Thermally evaporated Cu_2ZnSnS_4 solar cells", Applied Physics Letters, vol. 97, no. 14, p. 143508 - 143508-3, **2010**.

[54] T. K. Todorov, K. B. Reuter, and D. B. Mitzi, "High-efficiency solar cell with earth-abundant liquid-processed absorber", Advanced Materials, vol. 22, no. 20, p. E156–E159, **2010**.

[55] Q. J. Guo, G. M. Ford, W. C. Yang et al., "Fabrication of 7.2% Efficient CZTSSe Solar Cells Using CZTS Nanocrystals", Journal of the American Chemical Society, vol. 132, no. 49, p. 17384– 17386, **2010**.

[56] H. Katagiri, K. Jimbo, S. Yamada et al., "Enhanced Conversion Efficiencies of Cu_2ZnSnS_4-based Thin Film Solar Cells by Using Preferential Etching Technique", Applied Physics Express, vol. 1, no. 4, Article ID 041201, **2008**.

[57] Mourad ATTALLAH, Mémoire de Master, "Elaboration et caractérisation des couches minces d'oxyde de silicium obtenues par voie sol-gel", Université Mentouri-Constantine, Faculté des sciences exactes, Département de physique, **2010**.

[58] Hanane BENELMADJAT, "Elaboration et caractérisation des composites dopés par des agrégats nanométriques de semi-conducteurs", Mémoire de Master, Université Mentouri-Constantine, Faculté des sciences exactes, Département de physique, **2007**.

[59] L. Holland, "Vacuum Deposition of Thin Films", Chapman and Hall, London, **1966**.

[60] M. Mosbah DAAMOUCHE, "Mise au point d'une technique d'élaboration des couches minces métalliques par voie électrochimique", Mémoire de Master, Université de Batna, Faculté des sciences, Département de physique, **2009**.

[61] T.M. Friedlmeier, H. Dittrich, H.W. Schock, The 11th Conf. on Ternary and Multinary Compounds, Salford, United Kingdom, p 345, **1997**.

[62] http://fr.wikipedia.org/wiki/Pompe_%C3%A0_palettes

[63] Sana HARIECH, "Elaboration et caractérisation des couches minces de sulfure de cadmium (CdS) préparées par bain chimique (CBD)", Mémoire de Master, Université Mentouri-Constantine, Faculté des sciences exactes, Département de physique, **2009**.

[64] A. Marty et S. Andrieu, "Croissance et structure des couches minces", Journal de Physique IV, Colloque C7, supplément au Journal de Physique III, vol. 6, p. C7-3-C7-11, **1996**.

[65] Joël RECH, "Contribution à la compréhension des modes d'actions tribologiques et thermiques des revêtements en usinage.-Application au cas du taillage de dentures à la fraise-mère à grande vitesse-", Thèse de Doctorat, Annexe 1 Description des modes de dépôts PVD et CVD, Ecole Nationale Supérieure d'Arts et Métiers, **2002**.

[66] H. Katto and Y. Koga, J. Electrochem. Soc., 118/B76, p. 1619-1623, **1971**.

[67] J. Hiie, T. Dedova, V. Valdna, K. Muska, "Comparative study of nanostructured CdS thin films prepared by CBD and spray pyrolysis: annealing effect", Thin Solid Films, vol. 511-512, p. 443-447, **2006**.

[68] P. Duval, "High vacuum production in the microelectronics industry", Elsevier, Amsterdam, **1988**.

[69] J.N. Ximello-Quiebras, G. Contreras-Puente, J. Aguilar-Hernández, G. Santana- Rodriguez, A. Arias-Carbajal Readigos, "Physical properties of chemical bath deposited CdS thin films ", Solar Energy Materials and Solar Cells, vol. 82, no. 1-2, p. 263-268, **2004**.

[70] http://www-ipcms.u-strasbg.fr/IMG/pdf/pompe_a_palette.pdf

[71] R. Zhai, S. Wang, H.Y. Xu, H. Wang, H. Yan, "Rapid formation of CdS, ZnS thin films by microwave-assisted chemical bath deposition", Materials Letters, vol. 59, no. 12, p. 1497-1501, **2005**.

[72] http://www-ipcms.u-strasbg.fr/IMG/pdf/pompe_a_diffusion.pdf

[73] I.D. Olekseyuk, I.V. Dudchak, L.V. Piskach, "Phase equilibria in the Cu_2S–ZnS–SnS_2 system", Journal of Alloys and Compounds, vol. 368, no. 1-2, p. 135-143, **2004**.

[74] I.D. Olekseyuk, O.V. Marchuk, I.V. Dudchak, O.V. Parasyuk, L.V. Piskach, Bull. L'viv State Univ., vol. 39, p.48, **2000**.

[75] A.S.Bouazzi, « Cours de Technologie des CI », Chapitre 8, ENIT.

[76] S. Schorr, H.-J. Hoebler, M. Tovar, "A neutron diffraction study of the stannite- kesterite solid solution series", Eur. J. Mineral., vol. 19, no.1, p. 65–73, **2007**.

[77] S. Botti, D. Kammerlander and M. A. L. Marques, "Band structures of Cu_2ZnSnS_4 and $Cu_2ZnSnSe_4$ from many-body methods", App. Phys.Lett., vol.98, p. 241915:1-241915:3, **2011**.

[78] A. Walsh, S.H. Wei, S. Y. Chen and X. G. Gong, "Design of Quaternary Chalcogenide Photovoltaic Absorbers Through Cation Mutation", In 2009,**34th IEEE Photovoltaic Specialists Conference (PVSC 2009), New York : IEEE**, vol. 1-3, p. 1803-1806, **2009**.

[79] T. M. Friedlmeier, H. Dittrich, and H. W. Schock, "Growth and characterization of Cu_2ZnSnS_4 and $Cu_2ZnSnSe_4$ thin films for photovoltaic applications," Ternary and Multinary Compounds, vol. 152, p. 345–348, **1998**.

[80] K. Moriya, K. Tanaka, and H. Uchiki, "Fabrication of Cu_2ZnSnS_4 thin-film solar cell prepared by pulsed laser deposition", Japanese Journal of Applied Physics, vol. 46, no. 9, p. 5780–5781, **2007**.

[81] K. Moriya, K. Tanaka, and H. Uchiki, "Cu_2ZnSnS_4 thin films annealed in H_2S atmosphere for solar cell absorber prepared by pulsed laser deposition," Japanese Journal of Applied Physics, vol. 47, no. 1, p. 602–604, **2008**.

[82] F. Y. Liu, K. Zhang, Y. Q. Lai, J. Li, Z. A. Zhang, and Y. X. Liu, "Growth and Characterization of Cu_2ZnSnS_4 Thin Films by DC Reactive Magnetron Sputtering for Photovoltaic Applications," Electrochemical and Solid State Letters, vol. 13, no. 11, p. H379–H381, **2010**.

[83] Y. B. K. Kumar, G. S. Babu, P. U. Bhaskar, and V. S. Raja, "Preparation and characterization of spray-deposited Cu_2ZnSnS_4 thin films," Solar Energy Materials and Solar Cells, vol. 93, no. 8, p. 1230–1237, **2009**.

[84] Y. B. K. Kumar, G. S. Babu, P. U. Bhaskar, and V. S. Raja, "Effect of starting-solution pH on the growth of Cu_2ZnSnS_4 thin films deposited by spray pyrolysis," Physica Status Solidi (a), vol. 206, no. 7, p. 1525–1530, **2009**.

[85] T. Prabhakar and J. Nagaraju, "Ultrasonic spray pyrolysis of CZTS solar cell absorber layers and characterization studies", in Proceedings of the 35th IEEE Photovoltaic Specialists Conference, (PVSC '10), p. 1964–1969, **2010**.

[86] J. J. Scragg, P. J. Dale, and L. M. Peter, "Towards sustainable materials for solar energy conversion: Preparation and photoelectrochemical characterization of Cu_2ZnSnS_4", Electrochemistry Communications, vol. 10, no. 4, p. 639–642, **2008**.

[87] K. Moriya, K. Tanaka, and H. Uchiki, "Characterization of Cu_2ZnSnS_4 thin films prepared by photo-chemical deposition", Japanese Journal of Applied Physics, vol. 44, no. 1B, p. 715–717, **2005**.

[88] K. Tanaka, M. Oonuki, N. Moritake, and H. Uchiki, "Cu_2ZnSnS_4 thin film solar cells prepared by non-vacuum processing", Solar Energy Materials and Solar Cells, vol. 93, no. 5, p. 583–587, **2009**.

[89] K. Tanaka, Y. Fukui, N. Moritake, and H. Uchiki, "Chemical composition dependence of morphological and optical properties of Cu_2ZnSnS_4 thin films deposited by sol-gel sulfurization and Cu_2ZnSnS_4 thin film solar cell efficiency", Solar Energy Materials and Solar Cells, vol. 95, no. 3, p. 838–842, **2010**.

[90] A. Wangperawong, J. S. King, S. M. Herron, B. P. Tran, K. Pangan-Okimoto and S. F. Bent, "Aqueous bath process for deposition of Cu_2ZnSnS_4 photovoltaic absorbers", Thin Solid Films, vol. 519, no. 8, p. 2488–2492, **2010**.

[91] T. M. Friedlmeier, N. Wieser, T. Walter, H. Dittrich and H. W. Schock, "Heterojunctions based on Cu_2ZnSnS_4 and $Cu_2ZnSnSe_4$ thin films", in Proceedings of the 14th European Photovoltaic Solar Energy Conference, p. 1242-1245, Bedford, UK, **1997**.

[92] H. Katagiri, K. Saitoh, T. Washio, H. Shinohara, T. Kurumadani, and S. Miyajima, "Development of thin film solar cell based on Cu_2ZnSnS_4 thin films", Solar Energy Materials and Solar Cells, vol. 65, no. 1–4, p. 141–148, **2001**.

[93] H. Katagiri, K. Jimbo, K. Moriya, and K. Tsuchida, "Solar cell without environmental pollution by using CZTS thin film", in Proceedings of the 3rd World Conference on Photovoltaic Energy Conversion, vol. 3, p. 2874–2879, **2003**.

[94] H. Katagiri, K. Jimbo, S. Yamada et al.,"Enhanced conversion efficiencies of Cu_2ZnSnS_4-based thin film solar cells by using preferential etching technique", Applied Physics Express, vol. 1, no 4, p. 041201(2 pages), **2008**.

[95] K. Tanaka, N. Moritake, and H. Uchiki, "Preparation of Cu_2ZnSnS_4 thin films by sulfurizing sol-gel deposited precursors", Solar Energy Materials and Solar Cells, vol. 91, no. 13, p. 1199–1201, **2007**.

[96] J. J. Scragg, D. M. Berg, and P. J. Dale, "A 3.2% efficient Kesterite device from electrodeposited stacked elemental layers", Journal of Electroanalytical Chemistry, vol. 646, no. 1-2, p. 52–59, **2010**.

[97] S. Chen, J. H. Yang, X. G. Gong, A. Walsh, and S. H.Wei, "Intrinsic point defects and complexes in the quaternary kesterite semiconductor Cu_2ZnSnS_4", Physical Review B, vol. 81, no. 24, p. 35-37, **2010**.

[98] T. A. Magorian Friedlmeier, Thèse de doctorat, Université de Stuttgart, **2001**.

[99] Rawdha BRINI, Thèse de Doctorat, Université Tunis-Carthage, **2003**.

[100] J. Zhang, L. Shao, Y. Fu, and E. Xie, "Cu_2ZnSnS_4 thin films prepared by sulfurization of ion beam sputtered precursor and their electrical and optical properties", Rare Metal Materials and Engineering, vol. 25, no.6, p. 315-319, **2006**.

[101] Farid CHAFFAR AKKARI, Thèse de Doctorat, FST, **2003**.

[102] H. Katagiri, N. Sasaguchi, S. Hando, S. Hoshino, J. Ohashi and T. Yokota Technical Digest of the 9th International Conference of Photovoltaic Science and Engineering, Miyazaki (1996), p. 745.

[103] H. Katagiri, K. Saitoh, T. Washio, H. Shinohara, T. Kurumadani and S. Miyajima, Technical Digest of the 11th International Photovoltaic Science and Engineering Conference, Sapporo (1999), p. 647.

[104] S. Chen, X. G. Gong, A. Walsh and S.H. Wei, "Defect physics of the kesterite thin-film solar-cell absorber Cu_2ZnSnS_4", Applied Physics Letters, vol.96, p. 021902-1 - 021902-3, **2010**.

[105] Fiche JCPDS **34-1246** de Cu_2ZnSnS_4

[106] Fiche JCPDS **26-0575** de Cu_2ZnSnS_4

[107] http://www.solarnenergy.com/eng/info/show.php

[108] B.G. Jeyaprakash, R. Ashok kumar, K.Kesavan, A. Amalarani, "Structural and optical characterization of spray deposited SnS thin film", Journal of American Science, vol.6, no.3 p.22-26, **2010**.

[109] B.D. CULLITY. Elements Of X-Ray Diffraction. Addison- Wesley,Reading,Massachusetts, vol. 356, **1979**.

[110] R. K. Wild P. E. Y. Flewitt. Physical Methods for Material Characterization. IOP Publishing Ltd, **1994**.

[111] G. Prodan G. I. Rusu E. Vasile N. Tigau V. Ciupina. Structural characterization of polycrystalline Sb2O3 thin films prepared by thermal vacuum evaporation technique. Journal of Crystal Growth, vol. 269, no. 392, **2004**.

[112] J. N. Hodgson. Optical Absorption and Dispersion in Solids. Chapman and Hall, **1970**.

[113] T.S.Moss « Optical Properties of Semiconductors», Butterworths, Sci.Pub.Ltd.London, **1961**.

[114] W. Korner R. Wesche G. Schatz W. Keppner T. Klas. Compound Formation at Cu-In Thin-Film Interfaces Detected by Perturbed - Angular Correlations. Physical Review Letters, vol. 54, no. 21, pages 2371–2374, **1985**.

yes
Oui, je veux morebooks!
I want morebooks!

Buy your books fast and straightforward online - at one of the world's fastest growing online book stores! Environmentally sound due to Print-on-Demand technologies.

Buy your books online at
www.get-morebooks.com

Achetez vos livres en ligne, vite et bien, sur l'une des librairies en ligne les plus performantes au monde!
En protégeant nos ressources et notre environnement grâce à l'impression à la demande.

La librairie en ligne pour acheter plus vite
www.morebooks.fr

VDM Verlagsservicegesellschaft mbH
Heinrich-Böcking-Str. 6-8   Telefax: +49 681 93 81 567-9   info@vdm-vsg.de
D - 66121 Saarbrücken   www.vdm-vsg.de

Printed by Books on Demand GmbH, Norderstedt / Germany